Bau und Berechnung gewölbter Brücken und ihrer Lehrgerüste

Drei Beispiele von der badischen Murgtalbahn

Von

Dr.-Ing. **Ernst Gaber**
Gr. Bauinspektor

Mit 56 Textabbildungen

Springer-Verlag Berlin Heidelberg GmbH
1914

Alle Rechte, insbesondere das der Übersetzung in fremde Sprachen, vorbehalten.

ISBN 978-3-662-24512-5   ISBN 978-3-662-26656-4 (eBook)
DOI 10.1007/978-3-662-26656-4

Vorwort.

Unter Benutzung der Vorträge und Arbeiten Engeßers wird der beiderseits eingespannte, gelenklose Bogen aus beliebigem elastischen Stoffe allgemein und möglichst erschöpfend untersucht. Das Ergebnis der allgemeinen Untersuchung wird für die praktische Rechenarbeit nutzbar gemacht und an dem Beispiele eines gelenklosen steinernen Gewölbes erläutert. Dabei wird der Einfluß der Neben- und Zusatzkräfte auf das Zahlenergebnis festgestellt und eine Vereinfachung auf dem rechnerischen und zeichnerischen Wege erzielt.

Die theoretische Untersuchung wurde dadurch angeregt, daß in verantwortlicher Tätigkeit mehrere eingespannte Gewölbe nach der Elastizitätstheorie berechnet werden mußten. Darin liegt es auch begründet, daß die Theorie zwar genau entwickelt, aber in ihrem Ergebnis dem wirklichen Bedürfnis der Anwendung angepaßt ist. Es ist daher zu hoffen, daß nicht nur der Theoretiker, sondern auch der in der Praxis Stehende seinen Nutzen von dieser Arbeit hat. Da bei Entwurfsarbeiten nicht immer Zeit zu umfassenden Vorarbeiten vorhanden ist, sind die wichtigen Gleichungen in einer Zusammenstellung vereinigt und die im allgemeinen bekannten Grundlagen in einem Anhange lückenlos abgeleitet.

Als Beispiel wurde der 59 m weit gespannte Hauptbogen des Talüberganges bei Langenbrand gewählt. Das Bauwerk liegt im Zuge der in den Jahren 1907—1910 gebauten Bahn von Weisenbach nach Forbach im badischen Murgtale. In dem schluchtenreichen und schönsten Tale des nördlichen Schwarzwaldes wurden für die Gebirgsbahn neben sonstigen Kunstbauten damals drei Steinbrücken gebaut: Bei Langenbrand der Talübergang, in der Tennetschlucht ein hoher Viadukt und in der Rappenschlucht ein unsymmetrischer Bogen.

In einem zweiten Abschnitte des Buches wird der durch das Gelände erschwerte Bau der drei Brücken geschildert, und die dabei gesammelten Erfahrungen werden festgehalten und allgemein verwertet. Insbesondere wird die Einzelausbildung der Lehrgerüste beschrieben und ihre Festigkeitsberechnung so vorgeführt, wie sie nicht nur aus Gründen der Standsicherheit, sondern auch der Wirtschaftlichkeit verlangt werden muß. Dabei sind die drei Arten des auf der ganzen Länge unterstützten, des auf mehreren Stützpunkten ruhenden und endlich des freigespannten Lehrgerüstes vertreten. Als Grundlage für die Beurteilung der Wirtschaftlichkeit wird für die Tennetschluchtbrücke das Bauprogramm genau entwickelt und zeichnerisch dargestellt und der wirkliche Fortschritt mit dem angenommenen verglichen. Auch sonst werden die tatsächlichen Leistungen und Kosten in allgemein verwertbarer Form angegeben.

Der zeichnerische Entwurf des Talüberganges entstand unter der Oberleitung von Herrn Baurat Hauger, der übrigen Bauwerke und der Lehrgerüste unter Herrn Oberbauinspektor Lehn, welcher zugleich die Oberleitung über den Bau der Murgtalbahn hatte. Die Beobachtungen der Senkung des Hauptbogens am Talübergang stammen von den Herren Bauinspektor Eisenlohr und Pfützner, welche dessen Bau leiteten. Der Verfasser war Bauleiter der Teilstrecke, in welcher die Tennet- und Rappenschlucht lagen und benutzte das in amtlicher Tätigkeit entstandene Material des zweiten Abschnittes mit Erlaubnis der Gr. Badischen Eisenbahnverwaltung.

Heidelberg, im Dezember 1913. **Gaber,** Gr. Bauinspektor.

Inhaltsverzeichnis.

	Seite
Vorwort	III
Inhaltsverzeichnis	IV
Verzeichnis der Listen	VI
Verzeichnis der Abbildungen	VII

1. Allgemeine Untersuchung des eingespannten Bogens 1
   I. Die Grundgleichungen für lotrechte Last und wagrechte Längslast 1
   II. Die Lage des Achsenkreuzes 4
   III. Die lotrechten Kräfte 4
      1. Die Einflußlinien der zusätzlichen Lagerkräfte 4
      2. Die Gestalt der Einflußlinien und die Grenzwerte 6
      3. Die Kämpferdruckschnitt- und Umhüllungslinien 6
      4. Die Einflußlinie der Spannungsgrößtwerte 7
      5. Die Einflußlinie der Scheitelsenkung 8
      6. Der Einfluß der Formänderung der Widerlager 11
   IV. Die wagrechten Längsbelastungen 12
      1. Der frei aufliegende Träger 12
      2. Der statisch unbestimmte Träger 13
      3. Die Gestalt der Einflußlinien und die Grenzwerte 14
      3. Die Kämpferdruckschnitt- und Umhüllungslinien 14
      4. Die Einflußlinie der Spannungsgrößtwerte 15
   V. Die wagrechten Querbelastungen 15
     A. Die genaue Rechnung 15
        1. Die Grundgleichungen 15
        2. Die Lage des Achsursprunges 16
        3. Die Einflußlinien der Grundwerte 17
        4. Die Gestalt der Einflußlinien und die Grenzwerte 20
        5. Die Einflußlinien der Spannungsgrößtwerte 20
     B. Die vereinfachte Rechnung 21
        1. Der erste Kräfteplan 21
        2. Der zweite Kräfteplan 22
   VI. Der Einfluß der Wärme 22
      1. Gleichmäßige Erneuerung 22
      2. Ungleichmäßige Erneuerung 22
      3. Der Einfluß der Wärme auf die Scheitellage 23

2. Der Talübergang bei Langenbrand 25
   I. Die rechnerische Untersuchung des Hauptbogens 25
     A. Die Form des Hauptbogens 25
     B. Die Lage des Achsenkreuzes 26
     C. Die lotrechten Kräfte 27
        1. Die Einflußlinien M_0, H_0, G und W_1, W_2, W_3 27
        2. Der Einfluß der Normal- und Querkraft auf M_0, H_0, G 30
        3. Der Einfluß der Normal- und Querkraft auf die Spannungen 32
        4. Die Kämpferdruckschnitt- und Umhüllungslinien 34
        5. Die Einflußlinien der Kantenpressung 35
        6. Die Einflußlinie der Scheitelsenkung 36
        7. Die ruhende Last 38
        8. Die Scheitelsenkung durch die ruhende Last und Berechnung des Elastizitätsmoduls E 39
        9. Die Verkehrslast 41
        10. Die Formänderung der Widerlager unter der ruhenden Last 41
     D. Die wagrechten Längsbelastungen: Die Bremskraft 42
        1. Die Einflußlinien M_0, H_0, G und W_1, W_2, W_3 42
        2. Der Einfluß der Quer- und Normalkraft auf M_0, H_0, G 44
        3. Die Kämpferdruckschnitt- und Umhüllungslinien 46
        4. Die Einflußlinien der Kantenpressung 47
        5. Die Beanspruchungen in Querschnitt 11 und 16 48

Inhaltsverzeichnis. V

	Seite
E. Die wagrechten Querbelastungen: Der Wind	49
a) Die genaue Rechnung	49
1. Die Lage des Achsursprunges	49
2. Die Einflußlinien W_1, W_2, W_3	49
3. Die Einflußlinien der Randspannungen	52
4. Die Spannungen der Querschnitte 11 und 16	53
b) Die genäherte Rechnung	54
1. Der Wind auf der Brücke	54
2. Der Wind auf die Verkehrslast	55
3. Die Gesamtspannungen	56
F. Der Einfluß der Wärme	56
1. Die gleichmäßige Erwärmung	56
2. Die ungleichmäßige Erwärmung	57
3. Der Einfluß der Wärme auf die Scheitellage	57
G. Die größten Beanspruchungen des Hauptbogens	57
H. Die Standfestigkeit des Ganzen	59
J. Zusammenfassung	59
1. Die allgemeine Untersuchung	59
2. Die rechnerische Untersuchung	64
I. Der Einfluß der Normal- und Querkraft	64
II. Die elastische Änderung der Widerlager	65
III. Die Zusatzspannungen	65
K. Die vereinfachte Untersuchung für lotrechte Last	65
1. Die Gestalt der Schnitt- und Umhüllungslinien	65
2. Der symmetrische Kreisbogen	67
a) Das Zeichenverfahren	67
b) Das Rechenverfahren	68
3. Der Kreisbogen mit $\frac{f}{l} = \frac{1}{4}$	69
4. Der unsymmetrische Kreisbogen	69
5. Der kreisähnliche Korbbogen	70
II. Die Bauausführung des Talüberganges bei Langenbrand	71
A. Der Bauvorgang	71
B. Erster Entwurf für das große Lehrgerüst	74
C. Ausführungsentwurf für das große Lehrgerüst	76
3. Die Tennetschluchtbrücke	79
I. Die Bauausführung mit Bauprogramm	79
II. Das Versetzgerüst	88
III. Das Lehrgerüst	88
IV. Der Zeug- und Arbeitsaufwand	93
V. Der Einheitsaufwand	94
4. Die Rappenschluchtbrücke	94
I. Die Bauausführung	94
II. Das Lehrgerüst	97
III. Der Zeug- und Arbeitsaufwand für das Lehrgerüst	98
5. Schluß	98
6. Anhang zur allgemeinen Untersuchung des eingespannten Bogens	101
Die Grundlagen für den ebenen Bogen ohne Gelenke	101
Die Grundlagen für den räumlichen Bogen ohne Gelenke	103

Verzeichnis der Listen.

Liste		Seite
1	Grundlage der Rechnung für lotrechte und wagrechte Längslast	26
2	Die Lastlagen, die zugehörigen Querschnittsgrößen und die Bogeneigenlast	28
3	Einflußlinie M_0 . . . . für lotrechte Last	29
4	Einflußlinie H_0 . . . . ,, ,, ,,	29
5	Einflußlinie G . . . . ,, ,, ,,	30
6	Die Werte M_0, H_0, G der rechten Brückenhälfte . . . . ,, ,, ,,	30
7	Der Beitrag der Normal- und Querkraft zu den Spannungen . . . . . ,, ,, ,,	33
8	Der Einfluß der Normal- und Querkraft auf die Spannungen . . . . . ,, ,, ,,	34
9	Die Kämpferkräfte mit Schnitt- und Umhüllungslinien . . . . ,, ,, ,,	35
10	Genäherte Einflußlinie der Scheitelsenkung . . . . ,, ,, ,,	36
11	Genaue Einflußlinie der Scheitelsenkung . . . . ,, ,, ,,	37
12	Die Teillasten der Übermauerung . . . . ,, ,, ,,	38
13	Einflußlinie M_0 . . . . für wagrechte Längslast	43
14	Einflußlinie H_0 . . . . ,, ,, ,,	44
15	Einflußlinie G . . . . ,, ,, ,,	44
16	Die Werte M_0, H_0 G der rechten Brückenhälfte . . . . ,, ,, ,,	44
17	Die Kämpferkräfte mit Schnitt- u. Umhüllungslinien . . . . ,, ,, ,,	48
18	Grundlage der Rechnung . . . . für wagrechte Querlast	49
19	Einflußlinie W_1 . . . . ,, ,, ,,	51
20	Einflußlinie W_2 . . . . ,, ,, ,,	51
21	Einflußlinie W_3 . . . . ,, ,, ,,	51
22	Die Werte W_1, W_2, W_3 der rechten Brückenhälfte . . . . ,, ,, ,,	52
23	Vergleich der genauen und genäherten Rechnung . . . . ,, ,, ,,	56
24	Die Spannungen der oberen Faser durch lotrechte Last und Wärme	58
25	Die Spannungen der unteren Faser durch lotrechte Last und Wärme	58
26	Die größten Spannungen in den gefährdeten Querschnitten	58
27	Zusammenstellung der Gleichungen für lotrechte Last, wagrechte Längslast und wagrechte Querlast	60
28	Vergleich des Einflusses der Normal- und Querkraft auf die Lagerkräfte	64
29	Vergleich des Einflusses der Normal- und Querkraft auf die Spannungen	64
30	Vergleich des Einflusses der Normal- und Querkraft auf die Spannungen	64
31	Der Einfluß der elastischen Widerlageränderung auf die Spannungen	65
32	Vergleich der Lagerkräfte für lotrechte Last des genäherten Rechenverfahrens mit dem genauen	69
33	Lehrgerüstscheitelsenkungen . . . . an der Tennetschluchtbrücke	86
34	Arbeits- und Zeugaufwand für die Bögen . . . . ,, ,, ,,	86
35	Pfeilerbewegungen beim Wölben . . . . ,, ,, ,,	87
36	Der Horizontalschub des Lehrgerüstes . . . . ,, ,, ,,	90
37	Die Fachwerksspannungen in dem Lehrgerüst . . . . ,, ,, ,,	91
38	Die wirklichen Spannungen in dem Lehrgerüst . . . . ,, ,, ,,	91
39	Zusammenstellung der Lehrgerüstaufwendungen	99
40	Zusammenstellung der Versetzgerüstaufwendungen	99
41	Zusammenstellung von Überhöhung und Senkung der Lehrgerüste	100
42	Zusammenstellung des gemittelten Arbeits- und Zeugaufwandes für 1 cbm Gewölbe	100

Verzeichnis der Abbildungen.

Abb.   Seite

Die allgemeine Untersuchung des eingespannten Bogens.

1   Die Zerlegung des Kräfteplanes . . . . für den gelenklosen, ebenen Bogen   2
2   Die Querschnittskräfte . . . . „   „   „   „   „ 2
3   Die Lage des Achsenkreuzes . . . . „   „   „   „   „ 4
4   Die Gestalt der Einflußlinien M_0, H_0, G und W_1, W_2, W_3 . . . . . für lotrechte Last   6
5   Die Kämpferdruckschnitt- und Umhüllungslinien . . . . „   „   „ 6
6   Die Ableitung der Einflußlinie der Scheitelsenkung . . . . „   „   „ 8
7   Die Formänderung des Widerlagers 11
8   Die Formänderung der Baugrubensohle 12
9   Frei aufliegender und statisch unbestimmter Träger . . . . . bei wagrechter Längslast 13
10 Die Gestalt der Einflußlinien M_0, H_0, G und W_1, W_2, W_3 . . . „   „   „ 14
11 Statisch unbestimmter und bestimmter Träger sowie die Querschnitts-
     kräfte . . . . „   „   „ 15
12 Die Gestalt der Einflußlinien W_1, W_2, W_3 . . . . „   „   „ 20
13 Die Spannungen im Querschnitt . . . . „   „   „ 21
14 Die Kräfteplanzerlegung eines Bogens . . . . „   „   „ 21
15 Die Formänderung bei ungleichmäßiger Erwärmung eines Bogenteiles 23
16 Die Formänderung bei ungleichmäßiger Erwärmung des gangen Bogens 23

Die rechnerische Untersuchung des Hauptbogens am Talübergang bei Langenbrand.

17 Ansicht des Talüberganges 25
18 Die Form des Hauptbogens 26
19 Die Einflußlinien M_0, H_0, G und W_1, W_2, W_3 . . . . für lotrechte Last 28
20 Die Einflußlinien M_1, A, H_1 und die Kämpferdruckschnitt- und Um-
     hüllungslinien . . . . „   „   „ 35
21 Die Einflußlinie σ_0 und σ_u im Querschnitt 5 und die zeichnerische Be-
     stimmung von ü σ_0 . . . . „   „   „ 36
22 Die Einflußlinie der Scheitelsenkung . . . . „   „   „ 38
23 Die Spannungen in der oberen und unteren Leibung . . . . „   „   „ 39
24 Das Schema der Verkehrslast 41
25 Die Veränderung der Kämpferlage bei elastischen Widerlagern 42
26 Die Einflußlinien M_0, H_0, G und W_1, W_2, W_3 . . . . für wagrechte Längslast 43
27 Die Einflußlinien M_1, A, H_1 und die Kämpferdruckschnitt- und
     Umhüllungslinien . . . . „   „   „ 47
28 Die Einflußlinien σ_0, σ_u der Querschnitte 11 und 16 . . . . . . „   „   „ 48
29 Die Einflußlinien W_1, W_2, W_3 . . . . für wagrechte Querlast 50
30 Die Einflußlinien der Normal- und Tangentialspannungen im Quer-
     schnitt 0 und 5 53
31 Die Kräfteplanzerlegung für Querschnitt 11 und 16 . . . . „   „   „ 55
32 Die größten Spannungen in den oberen Fasern von Querschnitt 11 und 16 59
33 Die größten Spannungen in der Fuge des rechten Kämpfers 59
34 Das Zeichenverfahren für die Einflußlinien M_1, A, H_1 . . . . . . bei lotrechter Last 67
35 Das Zeichenverfahren für die Einflußlinien M_1, A, H_1 beim Kreisbogen
     mit $\dfrac{f}{1} = \dfrac{1}{4}$ . . . . „   „   „ 69
36 Der Hauptbogen des Talüberganges bei Forbach.
     Die Einflußlinien M_1, A, H_1 und die Kämpferdruckschnitt- und Umhüllungslinien bei lot-
     rechter Last 70

Die Bauausführung des Talüberganges bei Langenbrand.

37 Blick flußabwärts auf das fertige Bauwerk 71
38 Lageplan der Baustellen der drei Steinbrücken 72
39 Darstellung des Wölbvorganges und der Lehrgerüstsenkungen am Hauptbogen 73
40 Lehrgerüst für den Hauptbogen. Erster Entwurf 75
41 Lehr- und Versetzgerüst für den Hauptbogen. Ausführungsentwurf 76
42 Blick flußaufwärts auf den Talübergang nach dem Schluß des ersten Ringes 77

VIII   Verzeichnis der Abbildungen.

Abb.   **Die Bauausführung der Tennetschluchtbrücke.**   Seite
43 Blick flußaufwärts auf das fertige Bauwerk 79
44 Ansicht und Grundriß 80
45 Die Baueinrichtung und das Versetzgerüst 81
46 Das Bauprogramm 83
47 Die drei höchsten Pfeiler und ihre Absteckung 84
48 Ansicht des Lehrgerüstes und Darstellung des Wölbvorganges 85
49 Blick flußaufwärts auf die Baustelle 86
50 Das Fachwerk des Lehrgerüstes 89
51 Einzelheiten vom Lehrgerüst 92

                Die Bauausführung der Rappenschluchtbrücke.
52 Blick auf die Baustelle mit Lehrgerüst 95
53 Das Lehrgerüst und Darstellung des Wölbvorganges 96

        Anhang zur allgemeinen Untersuchung des eingespannten Bogens.
54 Die Koordinatenänderungen durch M, N, Q beim ebenen Bogen 102
55 Die Längen- und Winkeländerungen . . . . beim räumlichen Bogen 104
56 Die Koordinatenänderungen . . . .   ,,   ,,   ,,   105

1. Allgemeine Untersuchung des eingespannten Bogens.

Die ganze Betrachtung setzt voraus, daß der Bogen dem Hookeschen Gesetze $\frac{\sigma}{\varepsilon} = E$ für die Spannungen unterliegt, welche innerhalb der üblichen und der dem besonderen Baumaterial zugehörigen Grenzen bleiben. Wenn ein Bogen sich nicht aus einem Stoffe sondern z. B. aus Quadern und Mörtel zusammensetzt, so kommt ein entsprechender Mittelwert von E zur Wirkung, der auf Grund von Erfahrungen festgestellt wird.

Die äußeren Kräfte des Bogens lassen sich in solche, welche in der Trägerebene liegend lotrecht und wagerecht angreifen, und in solche, welche zu ihr senkrecht stehen, zerlegen; und demnach zerfällt das räumliche Problem in drei getrennte Untersuchungen. Die erste Untersuchung umfaßt die lotrecht in der Trägerebene wirkenden Kräfte der Eigen- und Verkehrslast, mit denen gleichzeitig auch der Einfluß der Wärme, das Ausweichen der Widerlager und die Scheitelbewegung behandelt wird. Sie überwiegt mit ihrem Einfluß, da ihre Kräfte weitaus am größten sind. Die zweite, welche die wagrecht in der Trägerebene liegenden Kräfte betrifft, kann häufig entfallen, da die in ihr enthaltene Bremskraft nur bei erheblichen Spannweiten mit großem Bogenpfeil sich bemerkbar macht. Sind jedoch über dem Hauptgewölbe weitgespannte Spargewölbe angebracht, welche erheblichen Schub ausüben, so muß die Untersuchung auch bei weniger großen Spannweiten durchgeführt werden. Die dritte Untersuchung ist bei größeren Spannweiten unentbehrlich, denn die Beanspruchungen durch den Wind müssen nachgewiesen werden; aber sie kann oft in einfacher und genäherter Weise erfolgen.

Das Ziel der ersten Untersuchung sind die Linien der größten Beanspruchung in der oberen und unteren Leibung σ^I, σ^{II} unter Berücksichtigung der ruhenden Eigenlast des Bogens eσ, der ruhenden Übermauerung üσ und der beweglichen Last vσ. Unter Beachtung der durch die Wärme erzeugten Spannung tσ können aus den Linien der σ^I, σ^{II} die gefährdeten Fugen des Bogens gefunden werden, so daß die beiden folgenden Untersuchungen sich nicht mehr über den ganzen Bogen ausdehnen müssen, sondern sich auf die wenigen gefährdeten Fugen beschränken können.

I. Die Grundgleichungen für lotrechte Last und wagrechte Längslast.

Der beiderseits eingespannte Bogen, als ebenes Problem betrachtet, ist dreifach statisch unbestimmt. Eine beliebige Last ruft an jedem Kämpfer eine Lagerkraft hervor, die zu ihrer Bestimmung die Kenntnis ihrer Größe, Lage und Richtung erfordert. Da die allgemeinen Gleichgewichtsbedingungen nur drei Gleichungen ergeben, so sind noch drei von den sechs Bestimmungsgrößen der Lagerwirkungen am rechten und linken Kämpfer unbekannt; sie werden bekannt, sobald die Formänderung des Bogens an drei Bedingungen gebunden ist. Für die Berechnung ersetzt man die Kämpferkraft gewöhnlich durch einen wagrechten Lagerschub H, einen lotrechten Lagerdruck A und ein Einspannungsmoment M. Statt nun drei dieser sechs Größen als unbekannt aufzufassen, ist es zweckmäßig, jene zusätzlichen Lagerwirkungen des linken Kämpfers als Unbekannte einzuführen, welche infolge der statischen Unbestimmtheit zu den Lagerkräften des freiauflegenden Trägers hinzutreten. Man denkt sich den wirklichen Kräfteplan 1 in die Pläne 2 und 3 aufgelöst.

Plan 2 stellt das Kräftebild des frei aufliegenden Trägers vor. Plan 3 zeigt die Lagerwirkungen, die nötig sind, um den durch die äußeren Kräfte veränderten freiaufliegenden Träger in die durch drei Bedingungen vorgeschriebene Form, meist die Urform 1, zu

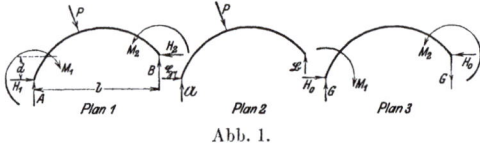

Abb. 1.

bringen, und hier offenbart sich die Wirkung der statischen Unbestimmtheit. Jeder der Kräftepläne muß für sich im Gleichgewicht sein. Nach der Erklärung der drei Pläne ist für lotrechte Lasten:

$$A = \mathfrak{A} + G, \quad H_1 = H_0, \quad M_1 = M_1, \quad B = \mathfrak{B} - G, \quad H_2 = -H_0, \quad M_2 = M_2 \tag{1}$$

Der weiteren Untersuchung wird ein rechtwinkliges Achsenkreuz zugrunde gelegt, dessen Y-Achse lotrecht ist. Indem man die drei zusätzlichen Lagerwirkungen des linken Kämpfers an den Achsursprung versetzt, ändert sich von den dreien nur M_1 um das Versetzmoment zu seinem neuen Werte $M_0 = M_1 + H_0 y_1 - G x_1$. Es heißen sonach die für den linken Kämpfer zusätzlichen Lagerwirkungen bezogen auf den gewählten Achsursprung M_0, H_0, G.

Um eine Beziehung zwischen den äußeren und inneren Kräften zu finden, schneidet man im Achspunkte x, y den Träger senkrecht zur Achse; dann müssen die im Querschnitt auftretenden Spannungen — als äußere Kräfte betrachtet — mit den äußeren Kräften des linken Trägerteiles Gleichgewicht halten. Die im Schwerpunkt des Querschnitts gebildete Summe der Spannungen gibt eine Kraft R und ein Moment M. Die Kraft R, parallel der Tangenten und der Normalen zerlegt, gibt die Normalkraft N und die Querkraft Q, parallel den Koordinatenachsen zerlegt, jedoch die Kräfte H und V.

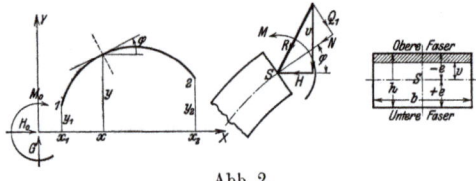

Abb. 2.

Der von der Achstangente mit der positiven X-Achse gebildete Winkel ist φ. Zwischen N, Q, M nebst H und V einerseits und den äußeren Kräften des linken Trägerteils anderseits bestehen die drei Gleichgewichtsbedingungen, daß die Summe der lotrechten und wagerechten Kräfte und der Momente verschwinden muß. Daraus finden sich die inneren Kräfte:

$$M = M_0 - H_0 y + G x + \mathfrak{M}, \quad N = H_0 \cos\varphi + G \sin\varphi + \mathfrak{N},$$
$$Q = H_0 \sin\varphi - G \cos\varphi + \mathfrak{Q} \tag{2}$$

Unter $\mathfrak{M}$, $\mathfrak{N}$, $\mathfrak{Q}$ sind Moment, Normal- und Querkraft des freiaufliegenden Trägers verstanden. Die im Sinne der positiven X- und Y-Achse gerichteten äußeren Kräfte und im Uhrzeigersinne drehenden äußeren Momente gelten als positiv. Ergibt sich für die Kraft N oder Q ein negativer Wert, so deutet dies eine der im Bild 2 gezeichneten entgegengesetzte Richtung — also eine vom Krümmungsmittelpunkt oder Trägerstumpf abgewendete Richtung an. Der Zusammenhang zwischen den äußeren Kräften und den inneren Spannungen ist durch die Gleichung 3 gegeben*).

$$\sigma = -\frac{N}{F} - \frac{M}{Fr} - \frac{Mv}{Y} \cdot \frac{r}{r+v}; \quad Y = \int \frac{v^2 dF r}{r+v} = \sim J. \tag{3}$$

---

*) Abgeleitet im Anhang.

Mit hinreichender Genauigkeit darf man für die Spannung σ in der beliebigen Querschnittsfaser v schreiben $\sigma = -\dfrac{N}{F} - \dfrac{M}{Fr} - \dfrac{Mv}{J}$. J ist das Trägheitsmoment des Querschnittes, bezogen auf die wagerechte Schwerlinie. Es möge beachtet werden, daß nach der Annahme im Bild 2 Druckspannungen auftreten, und daß σ dafür in Gleichung 3 mit Minus steht. Alle Druckspannungen erscheinen daher künftig negativ, alle Zugspannungen positiv.

Die Änderung in der gegenseitigen Lage der Kämpfer ist durch Gleichungsgruppe (4) gegeben *):

$$\Delta(\varphi_2 - \varphi_1) = \frac{1}{E}\left[\int_1^2 \left(\frac{N}{Fr} + \frac{M}{Y} + \frac{M}{Fr^2}\right)ds\right];$$

$$\Delta(x_2 - x_1) = \frac{1}{E}\left[-\int_1^2\left(N + \frac{M}{r}\right)\frac{dx}{F} + \int_1^2\left(\frac{N}{Fr} + \frac{M}{Fr^2} + \frac{M}{Y}\right)y\,ds\right] +$$

$$+ \frac{1}{E}\left[-y_2\int_1^2\left(\frac{N}{Fr} + \frac{M}{Fr^2} + \frac{M}{Y}\right)ds + \int_1^2\frac{Q}{\alpha F}dy - E(y_2 - y_1)\Delta\varphi_1\right]; \quad (4)$$

$$\Delta(y_2 - y_1) = \frac{1}{E}\left[-\int_1^2\left(N + \frac{M}{r}\right)\frac{dy}{F} - \int_1^2\left(\frac{N}{Fr} + \frac{M}{Fr^2} + \frac{M}{Y}\right)x\,ds\right] +$$

$$+ \frac{1}{E}\left[x_2\int_1^2\left(\frac{N}{Fr} + \frac{M}{Fr^2} + \frac{M}{Y}\right)ds - \int_1^2\frac{Q}{\alpha F}dx + E(x_2 - x_1)\Delta\varphi_1\right].$$

Die Größe α setzt sich aus 2 Faktoren zusammen $\alpha = \alpha_1 \alpha_2$; α_1 gibt den Bruchteil des Querschnittes an, über den man sich Q gleichmäßig verteilt denken muß, wenn die Formänderungsarbeit der gleichmäßig verteilten Spannungen τ gleich der wirklichen Arbeit sein soll. α_2 ist das Verhältnis der Zug- und Druck- zur Schubelastizität $\alpha_2 \cong \dfrac{2}{5}$; α_1 ist nur von der geometrischen Form des Querschnittes, die oft ein Rechteck ist, abhängig. Die Verschiebung eines Flächenelementes im Abstande v von der neutralen Achse und mit der Schubspannung τ ist $\gamma = \dfrac{\tau}{G}$, die dabei verrichtete Arbeit der Spannung des Flächenelementes ist $\tau\,dF\,\gamma$, die Gesamtarbeit des Querschnittes: $\int_{-e}^{+e} \tau\,dF\,\gamma$. Die Arbeit der äußeren Kraft ist Q mal der unbekannten mittleren Schiebung γ_m

$$Q\gamma_m = \int_{-e}^{+e}\tau\gamma\,dF = \int_{-e}^{+e}\tau^2\cdot\frac{dF}{G}, \quad \tau = Q\,6\,\frac{e^2 - v^2}{b\,h^3}, \quad \gamma_m = \frac{Q}{\alpha_1 FG} = \frac{6}{5}\frac{Q}{FG},$$

$$\alpha_1 = \frac{5}{6}, \quad \alpha = \frac{2}{5}\cdot\frac{5}{6} = \frac{1}{3} \text{ für jedes Rechteck.}$$

Aus den Gl. 4 finden sich die zusätzlichen Lagerkräfte M_0, H_0, G, wenn man die inneren Kräfte N, M, Q durch die äußeren ausdrückt, wie es in den Gl. 2 geschah. Um die Untersuchung zu vereinfachen, wird ein symmetrischer Bogen angenommen und der Achsursprung so auf die lotrechte Symmetrieachse gelegt, daß

$$\int_1^2\left(\frac{\cos\alpha_0}{Fr} - \frac{y}{Y}\right)ds = 0 \qquad (5)$$

---

*) Abgeleitet im Anhang.

Nach einigen Umformungen erhält man sodann die Gleichungen*):

$$M_0 = \frac{E\,\Delta(\varphi_2 - \varphi_1) - \int_1^2 \mathfrak{M}\,ds\left(\frac{1}{J} + \frac{1}{F\,r^2}\right) - \int_1^2 \mathfrak{N}\,\frac{ds}{F\,r}}{\int_1^2 \left(\frac{1}{J} + \frac{1}{F\,r^2}\right)ds}$$

$$H_0 = \frac{E[-\Delta l + k\,\Delta(\varphi_2 - \varphi_1)] + \int_1^2 \mathfrak{M}\,ds\left(\frac{y}{J} - \frac{\cos\alpha_0}{F\,r}\right) - \int_1^2 \mathfrak{N}\cos\alpha_0\,\frac{ds}{F} + \int_1^2 \mathfrak{Q}\sin\varphi\,\frac{ds}{\alpha\,F}}{\int_1^2 \left(\frac{y^2}{J} + \frac{\cos^2\alpha_0}{F} + \frac{\sin^2\varphi}{\alpha\,F}\right)ds} \qquad (6)$$

$$G = \frac{E\left[-\Delta d + \frac{l}{2}\Delta(\varphi_2 + \varphi_1)\right] - \int_1^2 \mathfrak{M}\,x\,\frac{ds}{J} - \int_1^2 \mathfrak{Q}\cos\varphi\,\frac{ds}{\alpha\,F}}{\int_1^2 x^2\,\frac{ds}{J} + \int_1^2 \cos^2\varphi\,\frac{ds}{\alpha\,F}}$$

Die zusätzlichen Lagerkräfte sind hiernach als Abhängige der Bogenform, der äußeren Kräfte und der Lageränderungen bestimmt. In ihrer jetzigen Form ist der Einfluß sowohl des Momentes als auch der Normal- und Querkraft enthalten und kein Glied vernachlässigt; nur für Y wurde J gesetzt.

II. Die Lage des Achsenkreuzes.

Die Gleichung 5 und die Bedingung, daß die Y-Achse Symmetrieachse werde, legen das Achsenkreuz eindeutig fest. Durch den beliebigen Punkt M — beim Kreisbogen ist dies zweckmäßig der Mittelpunkt — wird ein Hilfskreuz M X′ und M Y′ gelegt. Der gesuchte Abstand c ist alsdann

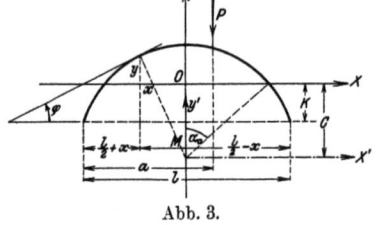

Abb. 3.

$$c = \frac{\int_1^2 y'\,\frac{ds}{J}}{\int_1^2 \frac{ds}{J} + \int_1^2 \frac{ds}{F\,r^2}} \qquad (7)$$

Punkt 0 liegt nach Aussage der Gleichung etwa im Schwerpunkte der in der Bogenachse liegend gedachten elastischen Gewichte $\frac{ds}{J}$.

III. Die lotrechten Kräfte.

1. Die Einflußlinien der zusätzlichen Lagerkräfte. In den Gleichungen 6 kommen im Nenner nur Ausdrücke vor, die von der Bogenform abhängen, und im Zähler stehen die Glieder, welche die Abhängigkeit von den äußeren Lasten ausdrücken. Um die Einflußlinien zu erhalten, müssen $\mathfrak{M}$, $\mathfrak{N}$, $\mathfrak{Q}$ für den Sonderfall der wandernden lotrechten Einzellast P = 1 t umgeformt werden. Nach Abb. 3 ist:

$$\frac{l}{2} + x < a, \quad \mathfrak{M} = +\frac{l-a}{l}\left(\frac{l}{2} + x\right) \qquad \frac{l}{2} + x > a, \quad \mathfrak{M} = +\frac{a}{l}\left(\frac{l}{2} - x\right)$$

---

*) Abgeleitet im Anhang.

Die lotrechten Kräfte.

$$\mathfrak{N} = + \frac{l-a}{l} \sin\varphi \qquad\qquad \mathfrak{N} = - \frac{a}{l} \sin\varphi$$

$$\mathfrak{Q} = + \frac{l-a}{l} \cos\varphi \qquad\qquad \mathfrak{Q} = - \frac{a}{l} \cos\varphi$$

Diese Ausdrücke in Gruppe 6 eingeführt geben für starre Kämpfer folgende Gleichungsgruppe:

$$M_0 = -\frac{a}{2} - \frac{\left(\frac{l}{2}-a\right)\int_1^a \frac{ds}{J} + \int_1^a x\,\frac{ds}{J} + \left(\frac{l}{2}-a\right)\int_1^a \frac{ds}{Fr^2}}{\int_1^2 \frac{ds}{J} + \int_1^2 \frac{ds}{Fr^2}} = -\frac{a}{2} - W_1$$

$$H_0 = +\frac{\left(\frac{l}{2}-a\right)\int_1^a y\,\frac{ds}{J} + \int_1^a xy\,\frac{ds}{J} - c\left(\frac{l}{2}-a\right)\int_1^a \frac{ds}{Fr^2} + \int_1^a \sin\varphi\cos\varphi\,\frac{ds}{\alpha F}}{\int_1^2 y^2\,\frac{ds}{J} + c^2\int_1^2 \frac{ds}{Fr^2} + \int_1^2 \sin^2\varphi\,\frac{ds}{\alpha F}} = +W_2 \qquad (8)$$

$$G = +\frac{a}{l} - \frac{\left(\frac{l}{2}-a\right)\int_1^a x\,\frac{ds}{J} + \int_1^a x^2\,\frac{ds}{J} + \int_1^a \cos^2\varphi\,\frac{ds}{\alpha F}}{\int_1^2 x^2\,\frac{ds}{J} + \int_1^2 \cos^2\varphi\,\frac{ds}{\alpha F}} = +\frac{a}{l} - W_3$$

Für den weiteren Fortgang sind nur die sogenannten Grundwerte W_1, W_2, W_3, welche in Gruppe 9 noch besonders zusammengestellt sind, nötig.

$$W_1 = \frac{\left(\frac{l}{2}-a\right)\int_1^a \frac{ds}{J} + \int_1^a x\,\frac{ds}{J} + \left(\frac{l}{2}-a\right)\int_1^a \frac{ds}{Fr^2}}{\int_1^2 \frac{ds}{J} + \int_1^2 \frac{ds}{Fr^2}}$$

$$W_2 = \frac{\left(\frac{l}{2}-a\right)\int_1^a y\,\frac{ds}{J} + \int_1^a xy\,\frac{ds}{J} - \left(\frac{l}{2}-a\right)c\int_1^a \frac{ds}{Fr^2} + \int_1^a \sin\varphi\cos\varphi\,\frac{ds}{\alpha F}}{\int_1^2 y^2\,\frac{ds}{J} + c^2\int_1^2 \frac{ds}{Fr^2} + \int_1^2 \sin^2\varphi\,\frac{ds}{\alpha F}} \qquad (9)$$

$$W_3 = \frac{\left(\frac{l}{2}-a\right)\int_1^a x\,\frac{ds}{J} + \int_1^a x^2\,\frac{ds}{J} + \int_1^a \cos^2\varphi\,\frac{ds}{\alpha F}}{\int_1^2 x^2\,\frac{ds}{J} + \int_1^2 \cos^2\varphi\,\frac{ds}{\alpha F}}$$

Die Nenner der drei Gleichungen heißen künftig N_1, N_2, N_3.

2. Die Gestalt der Einflußlinien und die Grenzwerte.
Beim symmetrischen Träger kann man aus den Werten der 3 Lagergrößen für die Lastlage a auf jene, welche der symmetrischen Lastlage $l-a$ zugehören, schließen, indem man in den Gleichungen 9 das a durch $l-a$ ersetzt und den neuen Ausdruck mit dem früheren vergleicht.

$$M_{0,a} = + M_{0,l-a}, H_{0,a} = + H_{0,l-a}, G_a = - G_{l-a}$$
$$W_{1,l-a} = -\left(\frac{l}{2} - a\right) + W_{1,a}, W_{2,a} = + W_{2,l-a}, W_{3,l-a} = + 1 - W_{3,a} \tag{10}$$

Die Linien der W haben einfache Beziehungen zwischen den symmetrischen Lastlagen zugehörigen Werten und entsprechend einfache geometrische Konstruktionen.

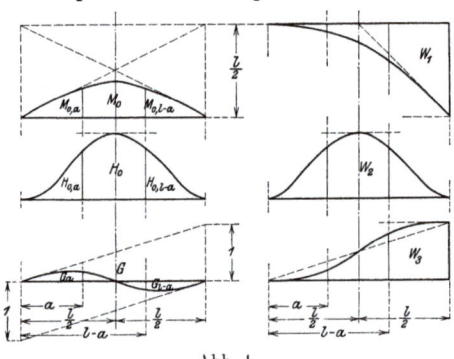

Abb. 4.

Für die 3 ausgezeichneten Lastlagen über den Kämpfern und dem Bogenscheitel sind die Grenzwerte:

$$a = 0, W_1 = 0; \quad a = \frac{l}{2}, W_1 = \frac{1}{N_1} \cdot \int_1^{\frac{l}{2}} x \frac{ds}{J}; \quad a = l, W_1 = -\frac{l}{2}$$

$$\text{„} \quad W_2 = 0; \quad \text{„} \quad W_2 = \frac{1}{N_2} \cdot \left[\int_1^{\frac{l}{2}} x y \frac{ds}{J} + \int_1^{\frac{l}{2}} \sin \varphi \cos \varphi \frac{ds}{\alpha F}\right]; \quad \text{„} \quad W_2 = 0$$

$$\text{„} \quad W_3 = 0; \quad \text{„} \quad W_3 = + \frac{1}{2}; \quad \text{„} \quad W_3 = + 1$$

3. Die Kämpferdruckschnitt- und Umhüllungslinien.

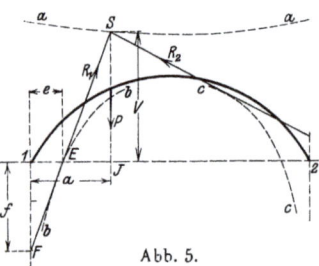

Abb. 5.

Die Last P ruft die beiden Lagerdrücke R_1 und R_2 hervor und schneidet sich mit ihnen im Punkte S. Beim Wandern der Last beschreibt S die Linie a a, Kämpferdruckschnittlinie genannt, und umhüllt R_1 die Kämpferdruckumhüllungslinie bb bzw. R_2 die Linie cc. Bei gegebenen Linien a, b, c findet man die der bestimmten Lastlage a zugehörigen Kämpferdrücke, wenn man die Lastlinie P mit der Linie aa schneidet und vom Schnittpunkte S die Tangenten an die beiden Umhüllungslinien b und c zeichnet.

Die Schnittlinie a—a ist bestimmt durch $JS = v$ und jede Umhüllungslinie durch die Tangenten von S aus, von welchen die Strecken $e = \overline{1\,E}$ oder $f = \overline{1\,F}$ auf der Wagrechten und Lotrechten durch die Kämpfer abgeschnitten werden.

$$M_1 = -Ae = -H_1 f = -W_1 + W_2 k + W_3 \frac{l}{2} - a$$

$$e = \frac{W_1 - W_2 k - W_3 \cdot \frac{l}{2} + a}{1 - W_3}, \quad f = -k + \frac{W_1 - W_3 \cdot \frac{l}{2} + a}{W_2},$$

$$v = +k - \frac{W_1 - W_3 \cdot \left(\frac{l}{2} - a\right)}{W_2}$$
(11)

Die gefundenen Linien lassen leicht die Lastscheiden für die äußeren Fasern eines Querschnittes ermitteln, wenn noch die beiden Kernlinien des Bogens gezeichnet werden. Die Lastscheiden für die innere Faser des Querschnittes werden gefunden, indem man von dem der Faser abgelegenen Kernpunkte des Querschnittes an die Umhüllungslinien die zwei Tangenten zieht, sie bis zu den Schnitten mit der Schnittlinie verlängert und durch die beiden Schnittpunkte die Senkrechten fällt, welche die Lastscheiden begrenzen. Eine Last, die hier steht, ruft in der betr. Faser keine Spannung hervor; wandert sie nach rechts, so ist die Spannung entgegengesetzt jener, welche durch eine links gelegene Laststellung entsteht.

Die Querschnittsform des Bogens ist gewöhnlich ein Rechteck und seine Kernfigur ein Parallelogramm, dessen Ecken auf den Symmetrieachsen liegen und sie in drei gleiche Teile teilen.

4. Die Einflußlinie der Spannungsgrößtwerte. In einem Querschnitte treten Normal- und Tangentialspannungen auf. Die Normalspannungen erhalten innerhalb des Querschnittes ihren Größtwert in den beiden äußeren Fasern, die Tangentialspannungen in der neutralen Faser. Nach Gleichung 3 ist die Normalspannung im Abstande v von der neutralen Faser

$$\sigma = -\frac{N}{F} - \frac{M}{Fr} - \frac{Mv}{J}, \quad F = bh, \quad J = \frac{bh^3}{12} \quad \text{(Abb. 2 Seite 2)}$$

Für $v = \mp e$ wird $\sigma = \sigma_0$ bez. σ_u.

$$\sigma_0 = -\frac{N}{F} - \frac{M}{Fr} - \frac{M}{W}, \quad \sigma_u = -\frac{N}{F} - \frac{M}{Fr} + \frac{M}{W}, \quad \frac{J}{e} = W$$

σ_0 ist die Spannung in der oberen, σ_u jene in der unteren Faser, und Druck ist negativ angesetzt.

Die Querkraft ruft im Abstande v von der neutralen Faser die Schubspannung hervor

$$\tau = Q \cdot \frac{\int_v^e v\, dF}{uJ} = \frac{3}{2} Q \frac{h^2 - 4v^2}{bh^3}$$

Mit Hilfe der Gruppe 9 ergeben sich für M, N, Q in Gruppe 2 einfache Ausdrücke, welche die Werte des freiaufliegenden Trägers und damit deren langweilige Ausrechnung ausschalten.

$$M = M_0 - H_0 y + G x + \mathfrak{M}, \quad N = +H_0 \cos\varphi + G \sin\varphi + \mathfrak{N},$$
$$Q = -H_0 \sin\varphi + G \cos\varphi + \mathfrak{Q}.$$

Je nach der Lastlage ist nun:

$$a < \frac{l}{2} + x, \quad M = -W_1 - W_2 y - W_3 x$$
$$N = +W_2 \cos\varphi - W_3 \sin\varphi$$
$$Q = -W_2 \sin\varphi - W_3 \cos\varphi$$

$$a > \frac{l}{2} + x, \quad M = -W_1 - W_2 y - W_3 x + \frac{l}{2} - a + x$$
$$N = +W_2 \cos\varphi - W_3 \sin\varphi + \sin\varphi$$
$$Q = -W_2 \sin\varphi - W_3 \cos\varphi + \cos\varphi$$
(12)

8 Allgemeine Untersuchung des eingespannten Bogens.

Die Einflußlinien der M, N, Q müssen auch beim symmetrischen Träger für die ganze Brücke berechnet werden, aber die Arbeit wird geringfügig, da die einzelnen Summanden bei symmetrischer Lastlage gleiche absolute Größe haben.

$$M_{l-a} = -W_{1,a} - W_{2,a} y + W_{3,a} x - (l - 2a)$$
$$N_{l-a} = +W_{2,a} \cos \varphi + W_{3,a} \sin \varphi$$
$$Q_{l-a} = -W_{2,a} \sin \varphi + W_{3,a} \cos \varphi$$

5. Die Einflußlinie der Scheitelsenkung. Nach dem Prinzip der virtuellen Verschiebungen entnimmt man zur Berechnung der Scheitelsenkung bei beliebiger Lastlage a dem wirklichen Kräfteplan W die Wege, einem gedachten Plan 1 die Kräfte und erhält durch die Gleichung

$$E\,d = \int_1^2 m_1 \cdot \frac{M\,ds}{J} + \int_1^2 n_1 \cdot \frac{N\,ds}{F} + \int_1^2 q_1 \cdot \frac{Q\,ds}{\alpha F}$$

die Größe der wirklichen Senkung d.

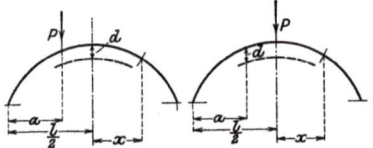

Plan W mit M, N, Q.   Plan 1 mit m_1, n_1, q_1.
Abb. 6.

Für den Kräfteplan 1 ist nach den Grundgleichungen

$$\frac{l}{2} + x < \frac{l}{2}, \quad m_1 = -w_1 - w_2 y + \frac{x}{2}, \qquad \frac{l}{2} + x > \frac{l}{2}, \quad m_1 = -w_1 - w_2 y - \frac{x}{2}$$

$$n_1 = +w_2 \cos \varphi + \frac{\sin \varphi}{2}, \qquad\qquad\qquad n_1 = +w_2 \cos \varphi - \frac{\sin \varphi}{2}$$

$$q_1 = -w_2 \sin \varphi + \frac{\cos \varphi}{2}, \qquad\qquad\qquad q_1 = -w_2 \sin \varphi - \frac{\cos \varphi}{2}$$

Dabei heißen die der Lastlage $a = \dfrac{l}{2}$ entsprechenden Grundwerte w_1, w_2, w_3 und haben die Größe:

$$w_1 = \frac{1}{N_1} \cdot \int_1^{\frac{l}{2}} x \frac{ds}{J}, \quad w_2 = \frac{1}{N_2}\left[\int_1^{\frac{l}{2}} x y \frac{ds}{J} + \int_1^{\frac{l}{2}} \sin \varphi \cos \varphi \frac{ds}{\alpha F}\right], \quad w_3 = +\frac{1}{2}$$

Aus dem Kräfteplan W entstammen:

$$\frac{l}{2} + x < a, \quad M = W_1 - W_2 y - W_3 x + \frac{l}{2} - a + x$$
$$N = +W_2 \cos \varphi - W_3 \sin \varphi + \sin \varphi$$
$$Q = -W_2 \sin \varphi - W_3 \cos \varphi + \cos \varphi$$

$$\frac{l}{2} + x > a, \quad M = -W_1 - W_2 y - W_3 x$$
$$N = +W_2 \cos \varphi - W_3 \sin \varphi$$
$$Q = -W_2 \sin \varphi - W_3 \cos \varphi \,.$$

Die lotrechten Kräfte.

Mit diesen Werten werden die Integrale der Gleichung für E d entwickelt:

$$\int_1^2 m_1 M \frac{ds}{J} = -w_1 \int_1^2 M \frac{ds}{J} - w_2 \int_1^2 M y \frac{ds}{J} + \frac{1}{2}\left[\int_1^{\frac{l}{2}} M x \frac{ds}{J} - \int_{\frac{l}{2}}^2 M x \frac{ds}{J}\right]$$

$$\int_1^2 M \frac{ds}{J} = -W_1 \int_1^2 \frac{ds}{J} - W_2 c \int_1^2 \frac{ds}{F r^2} + \left(\frac{l}{2} - a\right) \int_1^a \frac{ds}{J} + \int_1^a x \frac{ds}{J}$$

$$\int_1^2 M y \frac{ds}{J} = -W_1 c \int_1^2 \frac{ds}{F r^2} - W_2 \int_1^2 y^2 \frac{ds}{J} + \left(\frac{l}{2} - a\right) \int_1^a y \frac{ds}{J} + \int_1^a x y \frac{ds}{J}$$

$$\int_1^{\frac{l}{2}} M x \frac{ds}{J} = -W_1 \int_1^{\frac{l}{2}} x \frac{ds}{J} - W_2 \int_1^{\frac{l}{2}} x y \frac{ds}{J} - W_3 \int_1^{\frac{l}{2}} x^2 \frac{ds}{J} + \left(\frac{l}{2} - a\right) \int_1^a x \frac{ds}{J} + \int_1^a x^2 \frac{ds}{J}$$

$$-\int_{\frac{l}{2}}^2 M x \frac{ds}{J} = -W_1 \int_1^{\frac{l}{2}} x \frac{ds}{J} - W_2 \int_1^{\frac{l}{2}} x y \frac{ds}{J} + W_3 \int_1^{\frac{l}{2}} x^2 \frac{ds}{J}$$

$$\int_1^2 n_1 \cdot N \frac{ds}{F} = w_2 \int_1^2 N \cos\varphi \frac{ds}{F} + \frac{1}{2}\left[\int_1^{\frac{l}{2}} N \sin\varphi \frac{ds}{F} - \int_{\frac{l}{2}}^2 N \sin\varphi \frac{ds}{F}\right]$$

$$\int_1^2 N \cos\varphi \frac{ds}{F} = W_2 \int_1^2 \cos^2\varphi \frac{ds}{F} + \int_1^a \sin\varphi \cos\varphi \frac{ds}{F}$$

$$\int_1^{\frac{l}{2}} N \sin\varphi \frac{ds}{F} = W_2 \int_1^{\frac{l}{2}} \sin\varphi \cos\varphi \frac{ds}{F} - W_3 \int_1^{\frac{l}{2}} \sin^2\varphi \frac{ds}{F} + \int_1^a \sin^2\varphi \frac{ds}{F}$$

$$\int_{\frac{l}{2}}^2 N \sin\varphi \frac{ds}{F} = -W_2 \int_1^{\frac{l}{2}} \sin\varphi \cos\varphi \frac{ds}{F} - W_3 \int_1^{\frac{l}{2}} \sin^2\varphi \frac{ds}{F}$$

$$\int_1^2 q_1 Q \frac{ds}{\alpha F} = -w_2 \int_1^2 Q \sin\varphi \frac{ds}{\alpha F} + \frac{1}{2}\left[\int_1^{\frac{l}{2}} Q \cos\varphi \frac{ds}{\alpha F} - \int_{\frac{l}{2}}^2 Q \cos\varphi \frac{ds}{\alpha F}\right]$$

$$\int_1^2 Q \sin\varphi \frac{ds}{\alpha F} = -W_2 \int_1^2 \sin^2\varphi \frac{ds}{\alpha F} + \int_1^a \sin\varphi \cos\varphi \frac{ds}{\alpha F}$$

$$\int_1^{\frac{l}{2}} Q \cos\varphi \frac{ds}{\alpha F} = -W_2 \int_1^{\frac{l}{2}} \sin\varphi \cos\varphi \frac{ds}{\alpha F} - W_3 \int_1^{\frac{l}{2}} \cos^2\varphi \frac{ds}{\alpha F} + \int_1^a \cos^2\varphi \frac{ds}{\alpha F}$$

$$\int_{\frac{l}{2}}^2 Q \cos\varphi \frac{ds}{\alpha F} = +W_2 \int_1^{\frac{l}{2}} \sin\varphi \cos\varphi \frac{ds}{\alpha F} - W_3 \int_1^{\frac{l}{2}} \cos^2\varphi \frac{ds}{\alpha F}$$

Die Gleichung E·d verändert sich durch diese Integralwerte zu:

$$E \cdot d = W_1 \left[\mathfrak{w}_1 \int_1^2 \frac{ds}{J} + \mathfrak{w}_2 \cdot c \int_1^2 \frac{ds}{F\,r^2} - \int_1^{\frac{l}{2}} x \frac{ds}{J} \right] +$$

$$W_2 \cdot \left[\mathfrak{w}_1 \cdot c \int_1^2 \frac{ds}{F\,r^2} + \mathfrak{w}_2 \left(\int_2^2 y^2 \frac{ds}{J} + \int_1^2 \cos^2\varphi \frac{ds}{F} + \int_1^2 \sin^2\varphi \frac{ds}{\alpha F} \right) - \int_1^{\frac{l}{2}} x\,y \frac{ds}{J} + \int_1^{\frac{l}{2}} \sin\varphi \cos\varphi \frac{ds}{F} - \int_1^{\frac{l}{2}} \sin\varphi \cos\varphi \frac{ds}{\alpha F} \right] +$$

$$- \mathfrak{w}_1 \left[\left(\frac{l}{2} - a \right) \int_1^a \frac{ds}{J} + \int_1^a x \frac{ds}{J} \right] +$$

$$- \mathfrak{w}_2 \left[\left(\frac{l}{2} - a \right) \int_1^a y \frac{ds}{J} + \int_1^a x\,y \frac{ds}{J} - \int_1^a \sin\varphi \cos\varphi \frac{ds}{F} + \int_1^a \sin\varphi \cos\varphi \frac{ds}{\alpha F} \right] +$$

$$+ \frac{1}{2} \cdot \left[\left(\frac{l}{2} - a \right) \int_1^a x \frac{ds}{J} + \int_1^a x^2 \frac{ds}{J} + \int_1^a \sin^2\varphi \frac{ds}{F} + \int_1^a \cos^2\varphi \frac{ds}{\alpha F} \right].$$

Die Faktoren von $\mathfrak{w}_1$, $\mathfrak{w}_2$, $\frac{1}{2}$ sind fast identisch mit den Zählerwerten von W_1, W_2, W_3 in Gruppe 9 und werden durch sie ersetzt.

$$E\,d = - W_1 \left[\mathfrak{w}_1 N_1 + \mathfrak{w}_1 \int_1^2 \frac{ds}{F\,r^2} - \mathfrak{w}_2 c \int_1^2 \frac{ds}{F\,r^2} \right] +$$

$$- W_2 \left[\mathfrak{w}_2 N_2 - \mathfrak{w}_1 c \int_1^2 \frac{ds}{F\,r^2} - \mathfrak{w}_2 \left(\int_1^2 \cos^2\varphi \frac{ds}{F} - c^2 \int_1^2 \frac{ds}{F\,r^2} \right) - \int_1^{\frac{l}{2}} \sin\varphi \cos\varphi \frac{ds}{F} \right] + W_3 \mathfrak{w}_3 N_3 +$$

$$+ \mathfrak{w}_1 \cdot \left(\frac{l}{2} - a \right) \int_1^a \frac{ds}{F\,r^2} - \mathfrak{w}_2 \left[\left(\frac{l}{2} - a \right) \cdot c \int_1^a \frac{ds}{F\,r^2} - \int_1^a \sin\varphi \cos\varphi \frac{ds}{F} \right] + \mathfrak{w}_3 \int_1^a \sin^2\varphi \frac{ds}{F}.$$

Die Koeffizienten von W_1, W_2, W_3 sind konstante Größen ebenso wie $\mathfrak{w}_1$, $\mathfrak{w}_2$, $\mathfrak{w}_3$ als die der Lastlage $a = \frac{l}{2}$ entsprechenden Grundwerte. Die Gleichung enthält eine Anzahl geringwertiger Glieder und kann ohne erhebliche Einbuße an Genauigkeit geschrieben werden:

$$E\,d = - W_1 \mathfrak{w}_1 N_1 - W_2 \mathfrak{w}_2 N_2 + W_3 \mathfrak{w}_3 N_3 - \mathfrak{w}_1 \left(\frac{l}{2} - a \right) \int_1^a \frac{ds}{F\,r^2} +$$
$$- \mathfrak{w}_2 \left[\left(\frac{l}{2} - a \right) c \int_1^a \frac{ds}{F\,r^2} - \int_1^a \sin\varphi \cos\varphi \frac{ds}{F} \right] + \mathfrak{w}_3 \int_1^a \sin^2\varphi \frac{ds}{F} \quad (13)$$

Wenn man die alle Nebenkräfte enthaltenden Gleichungen für die Werte W benutzt, so darf man noch weiter alle Glieder mit r^2 im Nenner fortlassen, ohne damit den Einfluß von Normal oder Querkraft wesentlich zu vernachlässigen. Dann ergibt sich für die Scheitelsenkung die einfache Gleichung

$$E\,d = - W_1 \mathfrak{w}_1 N_1 - W_2 \mathfrak{w}_2 N_2 + W_3 \mathfrak{w}_3 N_3. \quad (14)$$

Die Einflußlinie für d leitet sich somit auf einfachste Art aus denen der Grundwerte W ab, indem man sie jeweils mit den konstanten Faktoren $w_1 N_1$, $w_2 N_2$, $w_3 N_3$ vervielfacht und zusammenfügt.

$$w_1 N_1 = \int_1^{\frac{l}{2}} x \frac{ds}{J}, \quad w_2 N_2 = \int_1^{\frac{l}{2}} x y \frac{ds}{J} + \int_1^{\frac{l}{2}} \sin \varphi \cos \varphi \frac{ds}{\alpha F}, \quad w_3 N_3 = \int_1^{\frac{l}{2}} x^2 \frac{ds}{J} + \int_1^{\frac{l}{2}} \cos^2 \varphi \frac{ds}{\alpha F}.$$

6. Der Einfluß der Formänderung der Widerlager. Der ganzen bisherigen Entwicklung liegt die Elastizität des Baustoffes, aus dem der Träger gebildet ist, zugrunde, und da das Widerlager auch elastisch ist wie der Bogen, so verhält es sich bei Einwirkung von äußeren Lasten keineswegs starr, sondern übernimmt einen Teil der Formänderung. Die Schwierigkeit, diese richtig zu ermitteln, liegt darin, daß die Querschnittsabmessungen des Widerlagers sehr groß sind im Vergleich zur Längenausdehnung. Die Gleichungen der Elastizitätslehre sind jedoch nur dann gültig, wenn vor der Formänderung ebene Querschnitte auch nachher noch eben sind, eine Bedingung, welche verhältnismäßig geringe Querschnittsabmessungen, d. h. Stabform, voraussetzt. Aus diesen Gründen hat die folgende Ableitung, welche unnachgiebigen Untergrund annimmt, bedingte Gültigkeit. Der Widerlagerkörper ist als Prismatoid mit zwei zueinander senkrechten Symmetrieebenen angenommen. Untersucht wird die Lageänderung der ebenen Fläche der Kämpferfuge unter dem Einfluß einer Achsialkraft, einer Querkraft und eines Momentes.

Da die Seitenflächen meist keinen oder nur einen schwachen Anzug haben, kann die Breite b konstant angenommen werden.

$$F = s \cdot \frac{F_2 - F_1}{l_0} + F_1, \quad P_1 = A \sin \varphi_1 + H_1 \cos \varphi_1, \quad Q_1 = A \cos \varphi_1 - H_1 \sin \varphi_1, \quad M_1 = M_1.$$

$$\Delta l_0 = \int_0^{l_0} P \cdot \frac{ds}{E F}, \quad E \Delta l_0 = P \int_0^{l_0} \frac{ds}{F_1 + \frac{F_2 - F_1}{l_0} \cdot s} = P \cdot \frac{l_0}{F_2 - F_1} \cdot l_n \left(\frac{F_2}{F_1} \right),$$

l_n ist der natürliche Logarithmus.

Durch Querkraftwirkung der Kraft Q entsteht die Verschiebung $\Delta h'$ und durch Biegung die Verschiebung $\Delta h''$. Zunächst wird die Verschiebung $\Delta h'$ in der Querschnittsebene ermittelt.

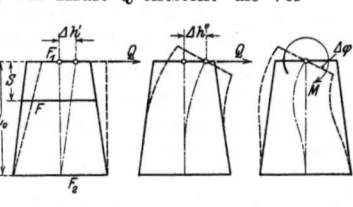

$$E \Delta h' = \int_0^{l_0} Q \frac{ds}{\alpha F} =$$

$$= \frac{Q}{\alpha} \cdot \frac{l_0}{F_2 - F_1} \cdot l_n \left(\frac{F_2}{F_1} \right).$$

Abb. 7.

Ein Moment M verursacht die Drehung des oberen Querschnittes um $\Delta \varphi$.

$$E \Delta \varphi = \int_0^{l_0} M \frac{ds}{J} = M l_0 \cdot \frac{6 (h_2 + h_1)}{h_2^2 h_1^2 b}. \tag{15}$$

$$E \Delta h'' = \int_0^{l_0} m_1 M \frac{ds}{J}, \quad m_1 = + s, \quad M = + Q s,$$

$$E \Delta h'' = \frac{12 Q l_0^2}{(h_2 - h_1)^2} \left[\frac{l_n \left(\frac{h_2}{h_1} \right) l_0}{h_2 - h_1} - \frac{3 h_2 - h_1}{2 h_2^2} + \frac{1}{h_1} \right].$$

12   Allgemeine Untersuchung des eingespannten Bogens.

Insgesamt ist sonach die Änderung senkrecht zur Längsachse durch Q
$$E \Delta h = E (\Delta h' + \Delta h'') =$$
$$= Q \cdot \left[\frac{l_0}{\alpha (F_2 - F_1)} \cdot l_n \left(\frac{h_2}{h_1} \right) + \frac{12 l_0^2}{b (h_2 - h_1)^2} \left(\frac{l_0}{h_2 - h_1} \cdot l_n \left(\frac{h_2}{h_1} \right) + \frac{1}{h_1} - \frac{3 h_2 - h_1}{2 h_2^2} \right) \right] \quad (16)$$

Mit Hilfe von Δl_0, Δh, $\Delta \varphi$ ist die Lage des Kämpferpunktes und der Kämpferfuge nach der Formänderung bekannt. Um die Gleichung für die Rechnungen zu verwerten, ist folgender Weg notwendig:

Zunächst werden unter der Annahme völlig starrer Widerlager die durch die gegebene Belastung auftretenden Kämpferkräfte gerechnet und die Formänderungen der Widerlager durch diese Kämpferdrücke ermittelt. Hierauf ergibt sich die Änderung der Lagerkräfte durch das Nichtstarrsein der Widerlager aus den Gleichungen 6 S. 4

$$\Delta M_0 = \frac{E}{N_1} \Delta (\varphi_2 - \varphi_1), \Delta H_0 = \frac{E}{N_2} \cdot [- \Delta l + k \Delta (\varphi_2 - \varphi_1)], \Delta G = \frac{E}{N_3} \left[- \Delta d + \frac{l}{2} \Delta (\varphi_1 + \varphi_2) \right]. \quad (17)$$

Hierin setzt sich Δl und Δd aus den Änderungen beider Kämpfer zusammen (Abb. 7):
$$\Delta l = \Delta l_1 + \Delta l_2, \, \Delta d = \Delta d_1 - \Delta d_2,$$
$$\Delta l_1 = \Delta h \sin \varphi_1 - \Delta l_0 \cos \varphi_1, \, \Delta d_1 = \Delta h \cos \varphi_1 + \Delta l_0 \sin \varphi_1, \, \Delta \varphi_1 = \Delta \varphi.$$

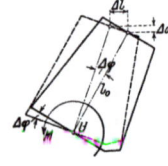

Abb. 8.

Hat man die Änderung der Lagerwirkungen bestimmt, so müßte man mit den neuen Kämpferdrücken das Verfahren wiederholen, bis man jene Kämpferkräfte gefunden hat, welche den veränderten Widerlagern genau entsprechen. Bei dem geringen Maß von Genauigkeit der Untersuchung genügt jedoch eine einmalige Berechnung.

Will man weiter noch den Einfluß eines Nachgebens im Untergrunde feststellen, so genügt es unter Annahme starrer Widerlager, die Veränderung in der Lage der beiden Kämpfer zu ermitteln und in Gruppe 17 einzusetzen. Ungleichmäßige Setzungen, seltener hervorgerufen durch ungleichmäßige Beschaffenheit des Baugrundes als durch ungleichmäßige Beanspruchung durch die Endmomente, sind vor allem wichtig. Neben ihnen spielen die Absolutgrößen der Endresultanten im allgemeinen eine geringere Rolle und man berücksichtigt nur die Verdrehung der Baugrubensohle, welche dem Endmoment proportional ist:

$$\Delta \varphi = \alpha \, M, \quad \Delta l = l_0 \, \Delta \varphi \sin \varphi, \quad \Delta d = l_0 \, \Delta \varphi \cos \varphi.$$

Nachdem für beide Kämpfer die drei Werte ermittelt sind, wird die Gesamtänderung in der gegenseitigen Lage der beiden Kämpfer und damit auch nach Gruppe 17 die Änderung in den Lagerkräften und Spannungen bekannt.

IV. Die wagrechten Längsbelastungen.

1. Der frei aufliegende Träger. Der Einfachheit wegen sei wieder ein Träger mit gleich hohen Lagern angenommen, dessen linkes Lager fest und rechtes beweglich ist. Die drei Lagerdrücke sind $\mathfrak{A} = + T \cdot \frac{t}{l} = - \mathfrak{B}$, $\mathfrak{H}_1 = - T$. Der beliebige Querschnitt ist a' von der Kämpferlinie entfernt und hat als Summe seiner Spannungen das Moment $\mathfrak{M}$, die Normalkraft $\mathfrak{N}$ und die Querkraft $\mathfrak{Q}$, welche als äußere Kräfte angesehen werden. Da sie das Gleichgewicht am linken Trägerteil halten müssen, gelten die Gleichungen

$$\frac{l}{2} + x < a, \; \mathfrak{M} = T \left[\frac{t}{l} \left(\frac{l}{2} + x \right) - a' \right] \qquad \frac{l}{2} + x > a, \; \mathfrak{M} = - T \frac{t}{l} \left(\frac{l}{2} - x \right)$$

$$\mathfrak{N} = T \left(\frac{t}{l} \sin \varphi + \cos \varphi \right) \qquad \qquad \mathfrak{N} = T \frac{t}{l} \sin \varphi$$

$$\mathfrak{Q} = T \left(\frac{t}{l} \cos \varphi - \sin \varphi \right) \qquad \qquad \mathfrak{Q} = T \frac{t}{l} \cos \varphi$$

Die gleichen Richtungen wie früher gelten als positiv.

Die wagrechten Längsbelastungen.

2. Der statisch unbestimmte Träger. Die Gruppe 6 gilt hier in vollem Umfange, da nur in den Gliedern mit $\mathfrak{M}$, $\mathfrak{N}$, $\mathfrak{Q}$ vom frei aufliegenden Träger die besondere Belastung

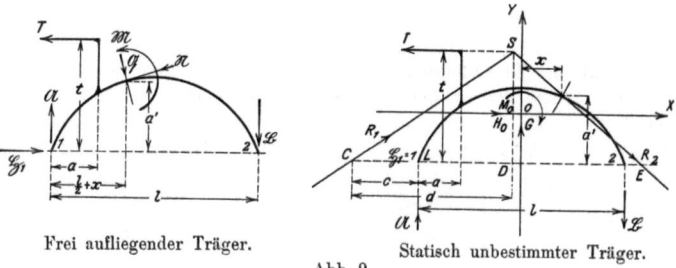

Frei aufliegender Träger.   Statisch unbestimmter Träger.
Abb. 9.

sich bemerkbar macht. Wenn die Widerlager unter der Last ihre Form nicht ändern, so nehmen die Gleichungen 6 auf Seite 4 diese Gestalt an.

$$M_0 = -\frac{(t-k)\int_1^a\frac{ds}{J} - \int_1^a y\frac{ds}{J} - \frac{t}{2}\int_1^2\frac{ds}{J} - \frac{l}{2}\int_1^2\frac{ds}{Fr^2} + (l+r-f)\int_1^a\frac{ds}{Fr^2}}{N_1}$$

$$H_0 = +\frac{(t-k)\int_1^a y\frac{ds}{J} - \int_1^a y^2\frac{ds}{J} - \int_1^a \sin^2\varphi\frac{ds}{\alpha F} + c\frac{l}{2}\int_1^2\frac{ds}{Fr^2} - c(l+r-f)\int_1^a\frac{ds}{Fr^2}}{N_2} \quad (18)$$

$$G = -\frac{(t-k)\int_1^a x\frac{ds}{J} - \int_1^a x y\frac{ds}{J} - \int_1^a \sin\varphi\cos\varphi\frac{ds}{\alpha F}}{N_3} - \frac{t}{l}.$$

Will man im Zähler die Normal- und Querkraft vernachlässigen und alle Glieder mit r^2 im Nenner übersehen, so ist die vereinfachte Form:

$$M_0 = +\frac{t}{2} - W_1, \quad H_0 = +W_2, \quad G = -\frac{t}{l} - W_3$$

$$W_1 = +\frac{(t-k)\int_1^a\frac{ds}{J} - \int_1^a y\frac{ds}{J}}{N_1}, \qquad N_1 = \int_1^2\frac{ds}{J} + \int_1^2\frac{ds}{Fr^2}$$

$$W_2 = +\frac{(t-k)\int_1^a y\frac{ds}{J} - \int_1^a y^2\frac{ds}{J}}{N_2}, \qquad N_2 = \int_1^2 y^2\frac{ds}{J} + c^2\int_1^2\frac{ds}{Fr^2} + \int_1^2\sin^2\varphi\frac{ds}{\alpha F} \quad (19)$$

$$W_3 = +\frac{(t-k)\int_1^a x\frac{ds}{J} - \int_1^a x y\frac{ds}{J}}{N_3}, \qquad N_3 = \int_1^2 x^2\frac{ds}{J} + \int_1^2\cos^2\varphi\frac{ds}{\alpha F}$$

Die Kräfte am Kämpfer sind damit auch bekannt.

14 Allgemeine Untersuchung des eingespannten Bogens.

$$A = -W_3, \quad H_1 = 1 + W_2, \quad M_1 = -W_1 + W_2 k + W_3 \cdot \frac{l}{2} + t.$$

Diese Grundwerte W sind mit jenen der lotrechten Kräfte nicht zu verwechseln. Das Achsenkreuz hat jedoch die gleiche Lage wie früher und die Nenner sind ebenfalls die gleichen.

3. Die Gestalt der Einflußlinien und die Grenzwerte. Auch hier bestehen zwischen den Werten W, welche den symmetrischen Lastlagen a und $l-a$ zugehören, einfache Beziehungen:

$$W_{1,l-a} = -W_{1,a} + t - k, \quad W_{2,l-a} = -W_{2,a} - 1, \quad W_{3,l-a} = +W_{3,a}. \tag{20}$$

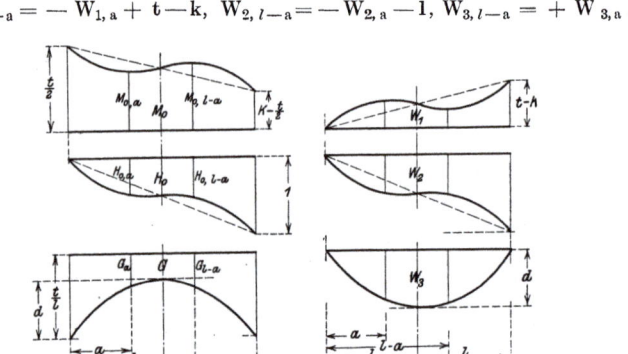

Abb. 10.

Die Grenzwerte sind:

$a = 0, W_1 = 0, \quad a = \dfrac{l}{2}, \quad W_1 = +\dfrac{t-k}{2}, \qquad\qquad a = l, \quad W_1 = t - k$

„ $W_2 = 0,$ „ $W_2 = -\dfrac{1}{2},$ „ $W_2 = -1$

„ $W_3 = 0,$ „ $W_3 = +\dfrac{1}{N_3}\left[(t-k)\int\limits_1^{\frac{l}{2}} x \dfrac{ds}{J} - \int\limits_1^{\frac{l}{2}} xy \dfrac{ds}{J}\right],$ „ $W_3 = 0$

3. Die Kämpferdruckschnitt- und Umhüllungslinien. Die Kämpferdruck-Schnitt- und Umhüllungslinien werden hier nur wegen der Vollständigkeit abgeleitet, da sie ohne praktische Bedeutung sind. Bei veränderlicher Lastlage, also bei veränderlichem a und t, beschreibt der Schnittpunkt S der Kämpferkräfte CS und ES die Schnittlinie, und der Strahl CS berührt die linke, der Strahl ES die rechte Umhüllungslinie. Zur Kenntnis der Lage eines Kämpferdruckes sind nur die Größen $CL = c$ und $CD = d$ nötig, da t durch die Lastlage gegeben ist. Da $M_1 = Ac$ und $\dfrac{t}{d} = \dfrac{A}{H_1}$, so ist

$$c = \frac{M_1}{A}, \quad d = t \cdot \frac{H_1}{A}. \quad \text{(Abb. 9 Seite 13.)}$$

Ist die wandernde Last immer gleich hoch über der Kämpferverbindungslinie, so fällt die Kämpferdruckschnittlinie mit dieser wagrechten Angriffslinie zusammen. Die Grenzwerte von c und d sind:

$\quad a = 0 \quad c = \infty, \quad a = l \quad c = \infty$
$\qquad\qquad d = \infty, \qquad\qquad d = \infty$

so daß beidesmal die Kämpferdrücke wagrecht sind.

4. Die Einflußlinie der Spannungsgrößtwerte. Nach Gleichung 3 auf S. 2 ist die Normalspannung in der oberen und unteren Faser des Querschnittes x, y genau genug:

$$\sigma = -\frac{N}{F} \mp \frac{M}{W}.$$

$a < \dfrac{l}{2} + x \quad M = -W_1 - W_2 y - W_3 x, \quad a > \dfrac{l}{2} + x, \quad M = -W_1 - W_2 y - W_3 x + t - a'$

$\qquad\qquad N = +W_2 \cos\varphi - W_3 \sin\varphi \qquad\qquad N = +W_2 \cos\varphi - W_3 \sin\varphi + \cos\varphi$

$\qquad\qquad Q = -W_2 \sin\varphi - W_3 \cos\varphi \qquad\qquad Q = -W_2 \sin\varphi - W_3 \cos\varphi - \sin\varphi$

Aus den einzelnen Werten für die Lastlagen der linken Trägerhälfte finden sich die M, N, Q für die symmetrischen Lastlagen auf der rechten Hälfte durch folgende Gleichungen ohne Mühe:

$$M_{l-a} = +W_{1,a} + W_{2,a} y - W_{3,a} x$$
$$N_{l-a} = -W_{2,a} \cos\varphi - W_{3,a} \sin\varphi$$
$$Q_{l-a} = +W_{2,a} \sin\varphi - W_{3,a} \cos\varphi$$

Damit ist die Normalspannung σ als einfache Abhängige von den Grundwerten W_1, W_2, W_3 gegeben. Die Schubspannung τ hat ihren Größtwert im Querschnitt in dessen wagrechter Schwerachse: $\tau_m = \dfrac{3}{2}\dfrac{Q}{F}$.

V. Die wagrechten Querbelastungen.

A. Die genaue Rechnung.

1. Die Grundgleichungen. In seiner Abhandlung „Das elastische Tonnengewölbe als räumliches System betrachtet" (Zeitschrift für Bauwesen 1908) gibt Engesser die Gl. für die W_I, W_{II}, U_{III} benannten zusätzlichen Lagerkräfte, welche außerhalb der Symmetrieebene XY wirken*). Die Kräfte U_I, U_{II}, W_{III} bleiben hier außer Betracht, da sie durch die Lasten in der Trägerebene XY entstehen und hier nur Lasten senkrecht zu dieser Ebene angenommen werden.

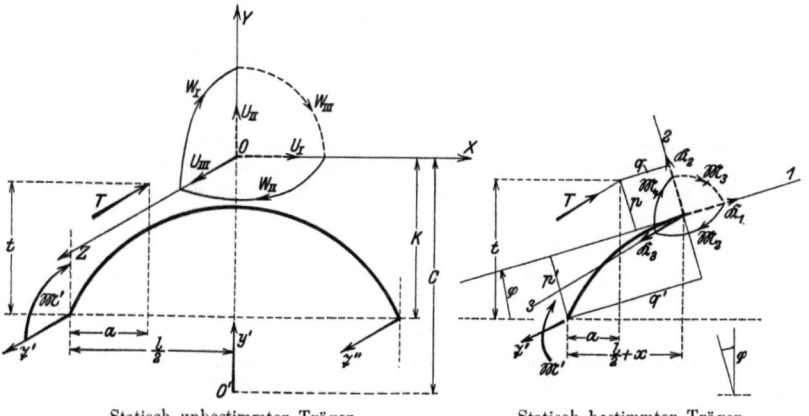

Statisch unbestimmter Träger.   Statisch bestimmter Träger.

Abb. 11.

Ist der Bogen in Bezug auf die beiden zueinander senkrechten Ebenen XY und YZ symmetrisch und sind die Widerlager starr, so lauten die Gl. unter teilweiser Vernachlässigung der Nebenkräfte:

---

*) Siehe Ableitung im Anhang.

$$W_I = \frac{1}{N_1}\left[\int_1^2 \mathfrak{M}_2 \sin\varphi \frac{ds}{J_2} - \frac{8}{3}\int_1^2 \mathfrak{M}_1 \cos\varphi \frac{ds}{J_1}\right], \quad W_{II} = -\frac{1}{N_2}\left[\int_1^2 \mathfrak{M}_2 \cos\varphi \frac{ds}{J_2} + \frac{8}{3}\int_1^2 \mathfrak{M}_1 \sin\varphi \frac{ds}{J_1}\right],$$

$$U_{III} = \frac{1}{N_3}\left[\int_1^2 \mathfrak{M}_2 (x\cos\varphi + y\sin\varphi)\frac{ds}{J_2} + \frac{8}{3}\int_1^2 \mathfrak{M}_1 (x\sin\varphi - y\cos\varphi)\frac{ds}{J_1} - 3{,}2\int_1^2 \mathfrak{K}_3 \frac{ds}{F}\right] \quad (21)$$

Im Gegensatz zu früher haben hier die Nenner N_1, N_2, N_3 folgende Werte:

$$N_1 = \int_1^2 \sin^2\varphi \frac{ds}{J_2} + \frac{8}{3}\int_1^2 \cos^2\varphi \frac{ds}{J_1}, \quad N_2 = \int_1^2 \cos^2\varphi \frac{ds}{J_2} + \frac{8}{3}\int_1^2 \sin^2\varphi \frac{ds}{J_1}$$

$$N_3 = \int_1^2 (x\cos\varphi + y\sin\varphi)^2 \frac{ds}{J_2} + \frac{8}{3}\int_1^2 (x\sin\varphi - y\cos\varphi)^2 \frac{ds}{J_1} + 3{,}2\int_1^2 \frac{ds}{F}$$

Im beliebigen Querschnittsschwerpunkt x, y werden drei zueinander senkrechte Achsen 1, 2, 3 angenommen, von denen Achse 1 in der XY-Ebene liegt und mit der Bogentangente zusammenfällt, Achse 2, in der gleichen Ebene liegend, die Bogennormale ist, und die Achse 3 zur XY-Ebene senkrecht steht. Im Anfangszustand, bei welchem der Träger statisch bestimmt gedacht wird, haben sämtliche äußeren Kräfte links vom Bogenquerschnitt eine Resultante $\mathfrak{R}$ und ein Moment $\mathfrak{M}$, wenn man sie im Querschnittsschwerpunkt zusammenfügt. Die Kraft $\mathfrak{R}$ wird nach den Richtungen der Achsen 1, 2, 3 zerlegt und hat die Komponenten $\mathfrak{K}_1$, $\mathfrak{K}_2$, $\mathfrak{K}_3$. Ebenso wird das Moment nach den drei Ebenen 2—3, 1—3 1—2 zerlegt und hat in ihnen die Teilmomente $\mathfrak{M}_1$, $\mathfrak{M}_2$, $\mathfrak{M}_3$. Die Kräfte gelten als positiv, wenn sie im Sinne der positiven Achsen 1, 2, 3 gerichtet sind, und die Momente, wenn sie, in der Richtung von der Pfeilspitze gegen die Ebene betrachtet, im Uhrzeigersinne drehen. Der Querschnitt hat in der Achse 2 die Höhe h und in der Achse 3 die Breite b. Die Momente zweiten Grades in bezug auf die drei Achsen sind:

$$J_3 = \frac{b h^3}{12}, \quad J_2 = \frac{b^3 h}{12}, \quad J_1 = \frac{8}{3\left(\frac{1}{J_2} + \frac{1}{J_3}\right)} = \frac{9 b^3 h^3}{2(b^2 + h^2)}; \quad \frac{8}{3 J_1} = \frac{1}{J_2} + \frac{1}{J_3} = \frac{1}{J}$$

Die einfachen Ausdrücke für die zusätzlichen Lagerkräfte wurden durch die geschickte Verlegung des Achsenkreuzes in die beiden Symmetrieebenen des Bogens und noch dadurch erreicht, daß der Achsursprung bis zur Erfüllung der Gl. 22 auf der Y-Achse verschoben wurde.

$$\int_1^2 \sin\varphi (x\cos\varphi + y\sin\varphi)\frac{ds}{J_2} - \frac{8}{3}\int_1^2 \cos\varphi (x\sin\varphi - y\cos\varphi)\frac{ds}{J_1} = 0. \quad (22)$$

2. Die Lage des Achsursprunges. In einem durch den beliebigen Punkt O′ der Y-Achse gehenden, dem gesuchten System parallelen Achsenkreuz hat ein Bogenpunkt die Ordinaten x, y′. Der gesuchte Abstand OO′ ist c. Setzt man in Gl. 22 für y den Wert y′ — c so ist die neue Form der Gleichung:

$$\int_1^2 (y' - c)\left(\frac{ds}{J_2} + \cos^2\varphi \frac{ds}{J_3}\right) - \int_1^2 x \sin\varphi \cos\varphi \frac{ds}{J_3} = 0.$$

Ist der Bogen ein Kreisbogen, so legt man den Hilfsursprung O′ mit Vorteil in den Kreismittelpunkt. Dann ist

$$c = \frac{\int_1^2 y' \frac{ds}{J}}{\int_1^2 \frac{ds}{J} - \int_1^2 \sin^2 \varphi \frac{ds}{J_3}} \tag{23}$$

3. Die Einflußlinien der Grundwerte W_I, W_{II}, U_{III}. Im Anfangszustand wird am linken Lager die der Z-Achse parallele Lagerkraft $\mathfrak{T}'$, am rechten Lager die gleichgerichtete Kraft $\mathfrak{T}''$ und am linken Lager das in einer zur YZ-Ebene parallelen Ebene drehende Lagermoment $\mathfrak{M}'$ angenommen: $\mathfrak{T}'$, $\mathfrak{T}''$, $\mathfrak{M}'$ berechnen sich aus den allgemeinen drei Gleichgewichtsbedingungen:

$$\Sigma M_x = 0 = T t + \mathfrak{M}', \qquad \mathfrak{M}' = -T t$$

$$\Sigma M_y = 0 = -T a + \mathfrak{T}'' l, \qquad \mathfrak{T}'' = +T \frac{a}{l}$$

$$\Sigma Z = 0 = \mathfrak{T}' + \mathfrak{T}'' - T, \qquad \mathfrak{T}' = +T \frac{l-a}{l}.$$

Im Querschnitte x, y ist:

$\frac{l}{2} + x < a$, $\mathfrak{K}_1 = \mathfrak{K}_2 = 0$, $\mathfrak{K}_3 = \mathfrak{T}'$, $\qquad \frac{l}{2} + x > a$, $\mathfrak{K}_1 = \mathfrak{K}_2 = 0$, $\mathfrak{K}_3 = \mathfrak{T}' - T$

$\mathfrak{M}_1 = \mathfrak{M}' \cos \varphi + \mathfrak{T}' p' \qquad\qquad \mathfrak{M}_1 = \mathfrak{M}' \cos \varphi + \mathfrak{T}' p' - \mathfrak{T} p$

$\mathfrak{M}_2 = -\mathfrak{M}' \sin \varphi - \mathfrak{T}' q' \qquad\qquad \mathfrak{M}_2 = -\mathfrak{M}' \sin \varphi - \mathfrak{T}' q' + T q$

Drückt man p, q, p', q', durch x, y und φ aus, so erhält man nach Abb. 11 Seite 15:

$\frac{l}{2} + x < a; \; \mathfrak{K}_3 = \frac{l-a}{l},$

$$\mathfrak{M}_1 = -t \cos \varphi + \frac{l-a}{l} \left[-\left(\frac{l}{2} + x\right) \sin \varphi + (k + y) \cos \varphi \right],$$

$$\mathfrak{M}_2 = +t \sin \varphi - \frac{l-a}{l} \left[\left(\frac{l}{2} + x\right) \cos \varphi + (k + y) \sin \varphi \right],$$

$\frac{l}{2} + x > a; \; \mathfrak{K}_3 = -\frac{a}{l}$

$$\mathfrak{M}_1 = -t \cos \varphi + \frac{l-a}{l} \left[-\left(\frac{l}{2} + x\right) \sin \varphi + (k + y) \cos \varphi \right] +$$

$$+ \left(\frac{l}{2} - a + x\right) \sin \varphi - (k - t + y) \cos \varphi,$$

$$\mathfrak{M}_2 = +t \sin \varphi - \frac{l-a}{l} \left[\left(\frac{l}{2} + x\right) \cos \varphi + (k + y) \sin \varphi \right] +$$

$$+ \left(\frac{l}{2} - a + x\right) \cos \varphi + (k - t + y) \sin \varphi.$$

Nun ist es möglich, die einzelnen Integrale der Gruppe 21 S. 16 auszurechnen.

$$\int_1^2 \mathfrak{M}_2 \sin \varphi \frac{ds}{J_2} = +\frac{a k}{l} \int_1^2 \sin^2 \varphi \frac{ds}{J_2} + \frac{a}{l} \int_1^2 x \sin \varphi \cos \varphi \frac{ds}{J_2} + \frac{a}{l} \int_1^2 y \sin^2 \varphi \frac{ds}{J_2} +$$

$$- (k - t) \int_1^a \sin^2 \varphi \frac{ds}{J_2} - \int_1^a x \sin \varphi \cos \varphi \frac{ds}{J_2} - \int_1^a y \sin^2 \varphi \frac{ds}{J_2} - \left(\frac{l}{2} - a\right) \int_1^a \sin \varphi \cos \varphi \frac{ds}{J_2};$$

$$\int_1^2 \mathfrak{M}_1 \cos\varphi \, \frac{ds}{J_1} = -\frac{a\,k}{l}\int_1^2 \cos^2\varphi \, \frac{ds}{J_1} + \frac{a}{l}\int_1^2 x \sin\varphi \cos\varphi \, \frac{ds}{J_1} - \frac{a}{l}\int_1^2 y \cos^2\varphi \, \frac{ds}{J_1} +$$

$$+ (k-t)\int_1^a \cos^2\varphi \, \frac{ds}{J_1} - \int_1^a x \sin\varphi \cos\varphi \, \frac{ds}{J_1} + \int_1^a y \cos^2\varphi \, \frac{ds}{J_1} - \left(\frac{l}{2}-a\right)\int_1^a \sin\varphi \cos\varphi \, \frac{ds}{J_1};$$

$$\int_1^2 \mathfrak{M}_2 \cos\varphi \, \frac{ds}{J_2} = -\frac{a}{2}\int_1^2 \cos^2\varphi \, \frac{ds}{J_2} - \left(\frac{l}{2}-a\right)\int_1^a \cos^2\varphi \, \frac{ds}{J_2} - \int_1^a x \cos^2\varphi \, \frac{ds}{J_2} +$$

$$- (k-t)\int_1^a \cos\varphi \sin\varphi \, \frac{ds}{J_2} - \int_1^a y \sin\varphi \cos\varphi \, \frac{ds}{J_2};$$

$$\int_1^2 \mathfrak{M}_1 \sin\varphi \, \frac{ds}{J_1} = -\frac{a}{2}\int_1^2 \sin^2\varphi \, \frac{ds}{J_1} - \left(\frac{l}{2}-a\right)\int_1^a \sin^2\varphi \, \frac{ds}{J_1} - \int_1^a x \sin^2\varphi \, \frac{ds}{J_1} +$$

$$+ (k-t)\int_1^a \sin\varphi \cos\varphi \, \frac{ds}{J_1} + \int_1^a y \sin\varphi \cos\varphi \, \frac{ds}{J_1};$$

$$\int_1^2 \mathfrak{M}_2 \, x \cos\varphi \, \frac{ds}{J_2} = +\frac{a\,k}{l}\int_1^2 x \sin\varphi \cos\varphi \, \frac{ds}{J_2} + \frac{a}{l}\int_1^2 x^2 \cos^2\varphi \, \frac{ds}{J_2} + \frac{a}{l}\int_1^2 x\,y \sin\varphi \cos\varphi \, \frac{ds}{J_2} +$$

$$- (k-t)\int_1^a x \sin\varphi \cos\varphi \, \frac{ds}{J_2} - \int_1^a x^2 \cos^2\varphi \, \frac{ds}{J_2} - \int_1^a x\,y \sin\varphi \cos\varphi \, \frac{ds}{J_2} - \left(\frac{l}{2}-a\right)\int_1^a x \cos^2\varphi \, \frac{ds}{J_2};$$

$$\int_1^2 \mathfrak{M}_2 \, y \sin\varphi \, \frac{ds}{J_2} = +\frac{a\,k}{l}\int_1^2 y \sin^2\varphi \, \frac{ds}{J_2} + \frac{a}{l}\int_1^2 y^2 \sin^2\varphi \, \frac{ds}{J_2} + \frac{a}{l}\int_1^2 x\,y \sin\varphi \cos\varphi \, \frac{ds}{J_2} +$$

$$- (k-t)\int_1^a y \sin^2\varphi \, \frac{ds}{J_2} - \int_1^a y^2 \sin^2\varphi \, \frac{ds}{J_2} - \int_1^a x\,y \sin\varphi \cos\varphi \, \frac{ds}{J_2} - \left(\frac{l}{2}-a\right)\int_1^a y \sin\varphi \cos\varphi \, \frac{ds}{J_2};$$

$$\int_1^2 \mathfrak{M}_1 \, x \sin\varphi \, \frac{ds}{J_1} = -\frac{a\,k}{l}\int_1^2 x \sin\varphi \cos\varphi \, \frac{ds}{J_1} + \frac{a}{l}\int_1^2 x^2 \sin^2\varphi \, \frac{ds}{J_1} - \frac{a}{l}\int_1^a x\,y \sin\varphi \cos\varphi \, \frac{ds}{J_1} +$$

$$+ (k-t)\int_1^a x \sin\varphi \cos\varphi \, \frac{ds}{J_1} - \int_1^a x^2 \sin^2\varphi \, \frac{ds}{J_1} + \int_1^a x\,y \sin\varphi \cos\varphi \, \frac{ds}{J_1} - \left(\frac{l}{2}-a\right)\int_1^a x \sin^2\varphi \, \frac{ds}{J_1};$$

$$\int_1^2 \mathfrak{M}_1 \, y \cos\varphi \, \frac{ds}{J_1} = -\frac{a\,k}{l}\int_1^2 y \cos^2\varphi \, \frac{ds}{J_1} - \frac{a}{l}\int_1^2 y^2 \cos^2\varphi \, \frac{ds}{J_1} + \frac{a}{l}\int_1^2 x\,y \sin\varphi \cos\varphi \, \frac{ds}{J_1} +$$

$$+ (k-t)\int_1^a y \cos^2\varphi \, \frac{ds}{J_1} + \int_1^a y^2 \cos^2\varphi \, \frac{ds}{J_1} - \int_1^a x\,y \sin\varphi \cos\varphi \, \frac{ds}{J_1} - \left(\frac{l}{2}-a\right)\int_1^a x\,y \sin\varphi \cos\varphi \, \frac{ds}{J_1}.$$

Setzt man diese Werte in die Gruppe 21 S. 16 ein und beachtet, daß nach Gleichung 22

$$\int_1^2 \sin\varphi\,(x\cos\varphi + y\sin\varphi)\,\frac{ds}{J_2} - \frac{8}{3}\int_1^2 \cos\varphi\,(x\sin\varphi - y\cos\varphi)\,\frac{ds}{J_1} =$$

$$= \int_1^2 x\sin\varphi\cos\varphi\,\frac{ds}{J} + \int_1^2 y\sin^2\varphi\,\frac{ds}{J} + \frac{8}{3}\int_1^2 \frac{ds}{J_1} = 0$$

so erhält man die endgültigen Gleichungen für die Einflußlinien.

$$W_I = +\frac{a\,k}{l} - W_1, \quad W_{II} = +\frac{a}{2} + W_2, \quad U_{III} = +\frac{a}{l} - W_3 \qquad (24)$$

Wie bei den lotrechten Lasten empfiehlt es sich wieder, die zusätzlichen Lagerkräfte in der weiteren Rechnung durch die Größen W_1, W_2, W_3, die sogenannten Grundwerte, zu ersetzen.

$$W_1 = \frac{1}{N_1}\left[\left(\frac{l}{2}-a\right)\int_1^a \sin\varphi\cos\varphi\,\frac{ds}{J_3} + (k-t)\int_1^a \sin^2\varphi\,\frac{ds}{J_3} + \int_1^a y\sin^2\varphi\,\frac{ds}{J_3}\right] +$$

$$+ \frac{1}{N_1}\left[\int_1^a x\sin\varphi\cos\varphi\,\frac{ds}{J_3} - (k-t)\int_1^a \frac{ds}{J} - \int_1^a y\,\frac{ds}{J}\right];$$

$$W_2 = \frac{1}{N_2}\left[\left(\frac{l}{2}-a\right)\int_1^a \cos^2\varphi\,\frac{ds}{J_3} + (k-t)\int_1^a \sin\varphi\cos\varphi\,\frac{ds}{J_3} + \int_1^a x\cos^2\varphi\,\frac{ds}{J_3}\right] +$$

$$+ \frac{1}{N_2}\left[-\left(\frac{l}{2}-a\right)\int_1^a \frac{ds}{J} - \int_1^a x\,\frac{ds}{J}\right]; \qquad (25)$$

$$W_3 = \frac{1}{N_3}\left[\left(\frac{l}{2}-a\right)\left(\int_1^a x\cos^2\varphi\,\frac{ds}{J_3} + \int_1^a y\sin\varphi\cos\varphi\,\frac{ds}{J_3}\right) + (k-t)\left(\int_1^a x\sin\varphi\cos\varphi\,\frac{ds}{J_3} + \int_1^a y\sin^2\varphi\,\frac{ds}{J_3}\right)\right.$$

$$+ \frac{1}{N_3}\left[\int_1^a (x\cos\varphi + y\sin\varphi)^2\,\frac{ds}{J_3} - \left(\frac{l}{2}-a\right)\int_1^a x\,\frac{ds}{J}\right] +$$

$$+ \frac{1}{N_3}\left[-(k-t)\int_1^a y\,\frac{ds}{J} - \int_1^a (x^2+y^2)\,\frac{ds}{J} - 3{,}2\int_1^a \frac{ds}{F}\right];$$

Diese Grundwerte sind nicht mit den früheren zu verwechseln, und auch die Nenner N_1, N_2, N_3 haben hier folgende andere Bedeutung nach Seite 16:

$$N_1 = \int_1^2 \sin^2\varphi\,\frac{ds}{J_3} - \int_1^2 \frac{ds}{J}, \quad N_2 = \int_1^2 \cos^2\varphi\,\frac{ds}{J_3} - \int_1^2 \frac{ds}{J},$$

$$N_3 = \int_1^2 (x\cos\varphi + y\sin\varphi)^2\,\frac{ds}{J_3} - \int_1^2 (x^2+y^2)\,\frac{ds}{J} - 3{,}2\int_1^2 \frac{ds}{F}.$$

4. Die Gestalt der Einflußlinien und die Grenzwerte. Zwischen den Werten W_1, W_2, W_3, welche den symmetrischen Lastlagen a und $l-a$ zugehören, bestehen folgende Beziehungen:

$$W_{1,\,l-a} = -W_{1,\,a} + k - t, \quad W_{2,\,l-a} = +W_{2,\,a} - \left(\frac{l}{2} - a\right), \quad W_{3,\,l-a} = -W_{3,\,a} + 1 \quad (26)$$

Die Werte für die drei Lastlagen im Scheitel und in den Kämpfern sind:

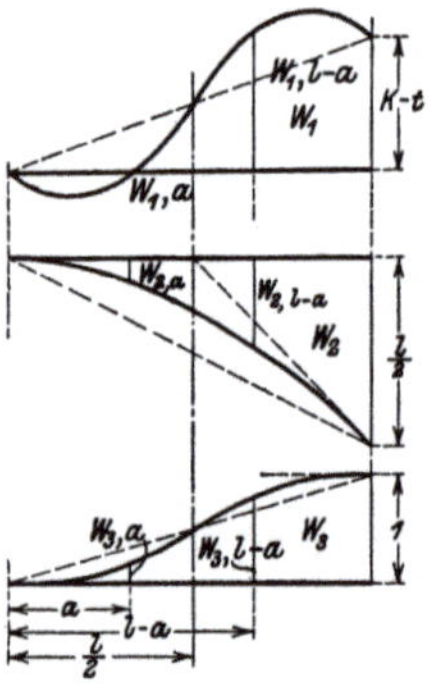

$$a = 0, \; W_1 = 0, \quad a = \frac{l}{2}, \; W_1 = +\frac{k-t}{2}$$

$$,, \quad W_2 = 0, \quad ,, \quad W_2 = \frac{1}{N_2}\left[(k-t)\int_1^{\frac{l}{2}}\sin\varphi\cos\varphi\,\frac{ds}{J_3} + \right.$$

$$\left. + \int_1^{\frac{l}{2}} x\cos^2\varphi\,\frac{ds}{J_3} - \int_1^{\frac{l}{2}} x\,\frac{ds}{J}\right]$$

$$,, \quad W_3 = 0, \quad ,, \quad W_3 = +\frac{1}{2}$$

$$a = l, \; W_1 = +k - t$$

Abb. 12. $\quad ,, \quad W_2 = -\frac{l}{2}$

$$,, \quad W_3 = +1.$$

5. Die Einflußlinien der Spannungsgrößtwerte. Im Anfangszustande ergibt die Reduktion aller links vom Bogenquerschnitt x, y liegenden Kräfte auf den Schwerpunkt des Querschnittes drei Kräfte $\mathfrak{K}_1$, $\mathfrak{K}_2$, $\mathfrak{K}_3$ und drei Momente $\mathfrak{M}_1$, $\mathfrak{M}_2$, $\mathfrak{M}_3$, welche in den drei festgelegten Achsen und Achsebenen des Querschnittes angreifen. Von den tatsächlichen Kräften K_1, K_2, K_3, und tatsächlichen Momenten M_1, M_2, M_3, im Querschnitte x, y, zerlegt wieder nach den Achsen 1, 2, 3, und den Achsebenen 2—3, 1—3, 1—2, brauchen nur die Momente M_1, M_2 und die Kraft K_3 berechnet zu werden, da für ausschließlich wagerechte Querbelastung $K_1 = K_2 = M_3 = 0$ ist.

$K_3 = \mathfrak{K}_3 + U_{III}$, $M_1 = \mathfrak{M}_1 + W_I \cos\varphi + W_{II}\sin\varphi - U_{III}(x\sin\varphi - y\cos\varphi)$,
$M_2 = \mathfrak{M}_2 - W_I \sin\varphi + W_{II}\cos\varphi - U_{III}(x\cos\varphi + y\sin\varphi)$.

Setzt man für $\mathfrak{K}_3$, $\mathfrak{M}_1$, $\mathfrak{M}_2$ die früher berechneten Werte und drückt man W_I, W_{II}, U_{III} durch ihre Grundwerte W_1, W_2, W_3 aus, so ergibt sich je nach der Lastlage links oder rechts des betrachteten Querschnittes nach Abb. 11 Seite 15:

$a < \dfrac{l}{2} + x, \; K_3 = -W_3$

$\qquad M_1 = -W_1\cos\varphi + W_2\sin\varphi + W_3(x\sin\varphi - y\cos\varphi)$,

$\qquad M_2 = +W_1\sin\varphi + W_2\cos\varphi + W_3(x\cos\varphi + y\sin\varphi)$,

$a > \dfrac{l}{2} + x, \; K_3 = -W_3 + 1$

$\qquad M_1 = -W_1\cos\varphi + W_2\sin\varphi + W_3(x\sin\varphi - y\cos\varphi) +$ \hfill (27)

$\qquad\qquad + (k - t + y)\cos\varphi - \left(\dfrac{l}{2} - a + x\right)\sin\varphi;$

$\qquad M_2 = +W_1\sin\varphi + W_2\cos\varphi + W_3(x\cos\varphi + y\sin\varphi) +$

$\qquad\qquad - (k - t + y)\sin\varphi - \left(\dfrac{l}{2} - a + x\right)\cos\varphi.$

Auch hier genügt es, die Werte für die Lastlagen auf der linken Trägerhälfte zu berechnen, da zwischen den symmetrischen Lastlagen zugehörigen Größen ein einfacher

Zusammenhang besteht. Bei der Lastlage rechts vom Scheitel ist für alle Querschnitte der linken Bogenhälfte $a > \frac{l}{2} + x$.

$$K_{3, l-a} = + W_{3,a}, \quad M_{1, l-a} = + W_{1,a} \cos \varphi + W_{2,a} \sin \varphi - W_{3,a} (x \sin \varphi - y \cos \varphi)$$
$$M_{2, l-a} = - W_{1,a} \sin \varphi + W_{2,a} \cos \varphi - W_{3,a} (x \cos \varphi + y \sin \varphi) \tag{28}$$

Im Querschnitt entstehen durch K_3 Schubspannungen parallel der Achse 3, durch M_1 ebenfalls Schubspannungen, weil es in der Ebene 2—3 als Verdrehungsmoment wirkt, und durch M_2 Normalspannungen parallel der Achse 1, weil es in der Ebene 1—3 dreht. Der Größtwert der Normalspannungen tritt in den der Achse 2 parallelen Seiten auf. In den gleichen Kanten wirkt die größte Schubspannung τ parallel der Achse 2, verursacht durch das Verdrehungsmoment M_1; in den der Achse 3 parallelen Kanten sind die Schubspannungen τ_1', τ_2' verursacht durch M_1 und K_3.

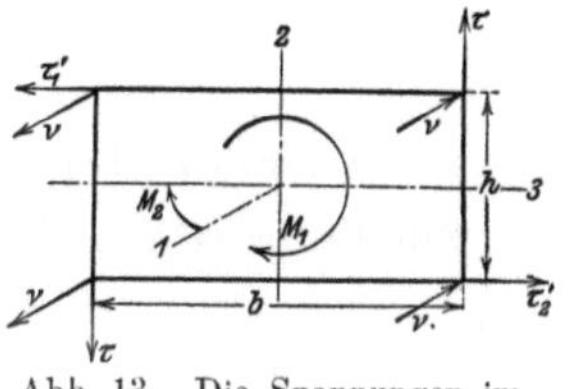

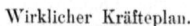

Abb. 13. Die Spannungen im Querschnitt.

$$\nu = \mp \frac{6 M_2}{b^2 h}, \quad \tau_{1,2}' = \mp 4,5 \frac{M_1}{b h^2} + 1,5 \frac{K_3}{b h}, \quad \tau = \mp 4,5 \frac{M_1}{b^2 h} \tag{29}$$

B. Die vereinfachte Berechnung.

Einigermaßen wird den besonderen Verhältnissen der Querbelastung Rechnung getragen, wenn man den wirklichen Kräfteplan in zwei Einzelpläne auflöst. Bei dem ersten Plane wird der Träger als beiderseits eingespannter Stab mit gerader Achse und einer Spannweite gleich der ausgestreckten Bogenachse betrachtet. Beim zweiten Plane nimmt man den Träger ebenfalls mit gerader Achse, als Kragträger an, dessen Kraglänge gleich der Pfeilhöhe f ist. Bei gleichförmig verteilter Windlast über die ganze Trägerlänge nimmt man beim ersten Plane als Last für den lfd. m die Größe $p_1 = \frac{\Sigma W}{l}$ und beim zweiten Plane die Größe $p_2 = \frac{\Sigma W}{2 \cdot f}$.

1. Der erste Kräfteplan. Nach dieser Annahme ist der Träger in beiden Lagern eingespannt und wird durch Kräfte, welche in der wagerechten Trägerebene liegen, beansprucht. Man kann den beiderseits eingespannten Stab als den Sonderfall eines beiderseits eingespannten Bogens betrachten, dessen Bogenhalbmesser unendlich groß ist, so daß auch die Gleichungen 8 für die Einflußlinien der Unbekannten M_0, H_0, G gelten. Aus der Lage des Achsenkreuzes in der lotrechten Symmetrieachse des Trägers und

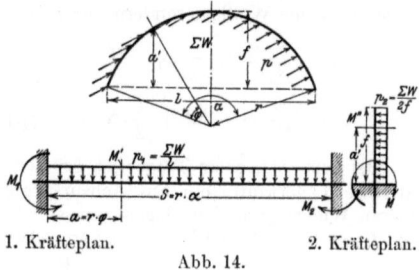

Wirklicher Kräfteplan.

1. Kräfteplan.   2. Kräfteplan.

Abb. 14.

im Schwerpunkte der $\frac{ds}{J}$ ergibt sich ohne weiteres, daß H_0 verschwindet, da alle $y = 0$ sind. Trägheitsmoment und Querschnitt seien über den ganzen Träger gleich.

Bei der über die ganze Stützweite gleichförmig verteilten Last p_1 tritt in der Entfernung a vom Lager das Moment auf:

$$M' = \frac{p_1}{12} \cdot [6 a (l - a) - l^2] \tag{30}$$

Reicht die Last nur über die Strecke s, so ist das Moment im Querschnitt a

$$M' = M_2 \frac{a}{l} + M_1 \frac{l - a}{l} + \mathfrak{M}$$

$$M_1 = p_1 \frac{s^2}{12}\left[6 - 8\frac{s}{l} + 3\left(\frac{s}{l}\right)^2\right], \quad M_2 = -\frac{p_1}{12}\left(\frac{s}{l}\right)^2 (4l - 3s)$$
$$\mathfrak{M} = p_1 \frac{s}{l}\left(l - \frac{s}{2}\right) a - p_1 \cdot \frac{a^2}{2}, \text{ wenn } a < s \tag{31}$$

Die Spannung aus dem ersten Kräfteplane ist sodann

$$\nu_1 = \frac{M'}{W}.$$

2. Der zweite Kräfteplan. Die Spannungen aus dem zweiten Plane ermitteln sich für den Fall der gleichförmig verteilten Last $p_2 = \dfrac{\Sigma W}{2f}$ sehr einfach. Erstreckt sich die Last auf den ganzen Träger, so ist im Querschnitte, der a vom linken Lager und a' über der Kämpferlinie liegt:

$$M'' = p_2 \frac{(f - a')^2}{2} \tag{32}$$

Erstreckt sich die Last nur auf die Strecke s', so wird für $a' < s'$

$$M'' = p_2 \frac{(s' - a')^2}{2} \tag{33}$$

Die Spannung aus dem zweiten Kräfteplane ist sodann $\nu_2 = \dfrac{M''}{W}$.

Die Gesamtspannung durch Wind ist im Querschnitte a, a', $\nu = \nu_1 + \nu_2$.

VI. Der Einfluß der Wärme.

1. Gleichmäßige Erwärmung. Bei jedem statisch unbestimmten Träger spielt die Wärme eine mit der Zahl der statischen Unbekannten an Bedeutung zunehmende Rolle. Der Ausdehnungskoeffizient des Stoffes in linearer Richtung sei ω, die Temperaturzunahme t^0 C und der Elastizitätsmodul E. Schaltet man jede äußere Last, auch das Eigengewicht, aus, so ruft die Wärme Lagerwirkungen hervor, welche aus den Gleichungen 6 sich ableiten. Bei gleichmäßiger Erwärmung behält der Träger stets eine der Urform ähnliche Gestalt. Es treten keine Winkel-, sondern nur Längenänderungen auf.

$$M_0 = \frac{E}{N_1}\Delta(\varphi_2 - \varphi_1), \quad H_0 = \frac{E}{N_2}[-\Delta l + k\Delta(\varphi_2 - \varphi_1)],$$

$$G = \frac{E}{N_3}\cdot[-\Delta d + \frac{l}{2}\Delta(\varphi_1 + \varphi_2)], \quad \Delta\varphi_1 = \Delta\varphi_2 = 0, \quad \Delta l = -\omega t \cdot l$$

Bei symmetrischem Träger ist $\Delta d = 0 = \Delta\varphi_2 - \Delta\varphi_1$, und es entsteht nur eine zusätzliche Lagerkraft, ein am Achsursprung angreifender Horizontalschub, welcher bei starren Widerlagern den Bogen um so viel zusammendrückt, als die Spannweite unter dem freien Einfluß der Wärme sich vergrößern würde.

$$H_0 = \frac{E\omega t l}{\int_1^2 y^2 \frac{ds}{J} + c^2 \int_1^2 \frac{ds}{Fr^2} + \int_1^2 \sin^2\varphi \frac{ds}{\alpha F}}, \quad M_0 = G = 0. \tag{34}$$

Versetzt man ihn an den linken Kämpfer, so tritt hier noch ein Moment hinzu.

$$M_1 = k H_0, \quad H_1 = H_0, \quad A = 0.$$

2. Ungleichmäßige Erwärmung. In der oberen Faser sei die Wärme $-t^0$, in der unteren Faser $+t^0$ und somit in jedem Querschnitte ein Wärmeunterschied $\Delta t = 2t^0$. Zwischen zwei unendlich nahen Querschnitten tritt eine Winkeländerung auf:

$$\Delta d\varphi = \omega \Delta t \cdot \frac{ds}{h}.$$

Zwischen den beiden Kämpfern ist die Winkeländerung:

$$\Delta(\varphi_2 - \varphi_1) = + \omega \Delta t \int_1^2 \frac{ds}{h}.$$

Der beliebige Querschnitt A drehe sich um $\Delta d\varphi$, nehme den rechtsseitigen Trägerteil mit und rufe in der Lage des rechtsseitigen Kämpfers die Änderungen hervor $d\Delta x_2$, $d\Delta y_2$.

Weil $\Delta d\varphi$ klein ist, so gilt:
$AB' = AB$, $\sphericalangle BB'C =$
$= \sphericalangle ABD$, $B'B \perp AB$, $CB' \perp DB$.

$d\Delta x_2 = -(y_2 - y)\dfrac{ds}{h}\omega \Delta t$, $d\Delta y_2 =$

$= (x_2 - x)\dfrac{ds}{h}\omega \Delta t$.

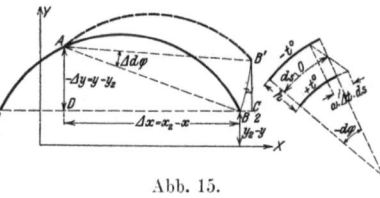

Abb. 15.

Beide Kämpfer sind frei beweglich gedacht und die Spannweite wird sich nach vollzogener Drehung aller Querschnitte um $\Delta l = \int_1^2 d\Delta x_2$ vergrößert haben. Bei symmetrischem Bogen werden sie sich, wenn man den Scheitel festgehalten denkt, um $\dfrac{1}{2}\int_1^2 d\Delta y_2$ gehoben haben. Die Summe der $d\Delta y_2$ verteilt sich gleich auf y_1 und y_2, so daß

$$\Delta y_1 = \Delta y_2 = \frac{\omega \Delta t}{2}\int_1^2 (x_2 - x)\frac{ds}{h}.$$

Um so viel vermindert sich der Bogenpfeil, da die Kämpfer natürlich in gleicher gegenseitiger Lage bleiben.

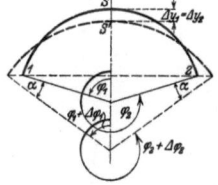

Abb. 16.

$$\Delta d = 0,\ \Delta l = \omega \Delta t\left[\int_1^2 y\frac{ds}{h} + k\int_1^2 \frac{ds}{h}\right],\ \Delta(\varphi_1 + \varphi_2) = 0,\ \Delta(\varphi_2 - \varphi_1) = \omega \Delta t \int_1^2 \frac{ds}{h}$$

Man setzt diese Werte in die Gleichungen 6 ein und findet:

$$M_0 = -\frac{E\omega \Delta t}{N_1}\int_1^2 \frac{ds}{h},\quad H_0 = +\frac{E\omega \Delta t}{N_2}\int_1^2 y\frac{ds}{h},\quad G = 0 \tag{35}$$

Wenn der Bogen frei auflagern würde, dann würde die Wärmeabnahme in der oberen und Zunahme in der unteren Faser die berechneten Formänderungen verursachen. Die durch die tatsächlich starren Widerlager auftretenden Lagerkräfte müssen nun gleichgroße entgegengesetzte Wirkungen haben; sie müssen z. B. in diesem Falle eine Verkleinerung der Spannweite um Δl bewirken und deswegen sind die Werte mit entgegengesetzten Vorzeichen in die Gleichungen 6 einzuführen.

Hat die obere Faser die Wärme $+ a$, die untere Faser die Wärme $+ b$, so zerlegt man den Fall in die gleichmäßige Erwärmung $\dfrac{a+b}{2}$ und in die ungleichmäßige Erwärmung $\dfrac{b-a}{2}$ wobei $\Delta t = b - a$. Da die zusätzlichen Lagerkräfte bekannt sind, können auch die durch die Wärmeänderung entstehenden Spannungen berechnet werden. Sie werden umso größer, je größer der Elastizitätsmodul E und der Ausdehnungsfaktor ω des Stoffes ist.

3. Der Einfluß der Wärme auf die Scheitellage. Bei gleichmäßiger Erwärmung findet man die Scheitelbewegung aus Gleichung 13, sobald man darin $W_2 = H_t$ setzt und alle anderen veränderlichen Glieder gleich 0 nimmt.

$$E\,d = -H_t\left[\int_1^{\frac{l}{2}} x\,y\,\frac{ds}{J} + \int_1^{\frac{l}{2}} \sin\varphi\cos\varphi\,\frac{ds}{\alpha\,F}\right]$$

$$d = -\frac{\omega\,t\,l}{N_2}\left[\int_1^{\frac{l}{2}} x\,y\,\frac{ds}{J} + \int_1^{\frac{l}{2}} \sin\varphi\cos\varphi\,\frac{ds}{\alpha\,F}\right]$$

(36)

Das Minuszeichen bedeutet, daß bei zunehmender Wärme der Bogenscheitel sich hebt.

Bei ungleichmäßiger Erwärmung des Bogens ist die Scheitelbewegung

$$E\,d = M_{0,t}\int_1^{\frac{l}{2}} x\,\frac{ds}{J} - H_t\left[\int_1^{\frac{l}{2}} x\,y\,\frac{ds}{J} + \int_1^{\frac{l}{2}} \sin\varphi\cos\varphi\,\frac{ds}{\alpha\,F}\right].$$

Der Elastizitätsmodul hat auf die Scheitelbewegung beim Wärmewechsel keinen Einfluß, wohl aber der Ausdehnungskoeffizient ω.

2. Der Talübergang bei Langenbrand.

Die eingleisige Bahn Weisenbach-Forbach im nördlichen, badischen Schwarzwald überschreitet die Murg unmittelbar vor dem Dorfe Langenbrand auf einer 150 m langen Steinbrücke in einer Höhe von 25 m über der Sohle. Die Linie liegt in der Geraden und hat eine Steigung 1 : 45. Das Flußbett wird von einem Hauptbogen auf 59 m frei überspannt; auf dem linken Ufer reihen sich zwei, auf dem rechten drei Nebenbögen von 12 m lichter Weite an. In Scheitelhöhe des Hauptbogens ist das Bauwerk 4,30 m breit; die Stirnen haben einen seitlichen Anzug von 1 : 30. Durch Auskragung der Abdeckplatten wird die Fahrbahn auf 5,20 m verbreitert. Alle Bauteile sind auf den gewachsenen Fels, Granit, gegründet und bestehen aus granitenem Bruchstein; nur zum großen Gewölbe sind Granitquader verwendet. Unter Benutzung der in der allgemeinen Untersuchung entwickelten Gleichungen wird im folgenden die Beanspruchung des Hauptbogens eingehend berechnet.

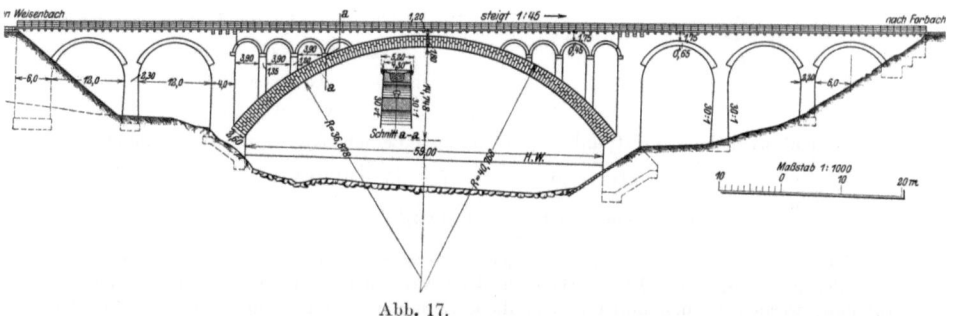

Abb. 17.

I. Die rechnerische Untersuchung des Hauptbogens.

A. Die Form des Hauptbogens.

Die lichte Weite des symmetrischen Hauptbogens beträgt 59,00 m und der zugehörige Stich der inneren Leibung ist ein Viertel der Lichtweite. Die Scheitelstärke wurde zu 1,800 m, die Kämpferstärke zu 2,600 m gewählt. Die Bogenachse, auf welcher alle Querschnitte senkrecht stehen, ist einem Kreisbogen mit r = 38,800 m, die innere Leibung einem Bogen mit r_1 = 36,878 m nachgebildet. Alle Winkel dieser rechnerischen Untersuchung werden in der neuen Hundertteilung angegeben.

φ_1 = 57,6390°, f_1 = 14,748 m, 1,3 cos φ_1 = 0,803 m, 1,3 sin φ_1 = 1,023 m.

Die Entfernung der beiden Kämpferfugenmitten ist l und der Stich der Bogenachse ist f.

l = 61,045 m, f = 14,845 m.

Die Abstände der Kreismittelpunkte voneinander sind m und n.

m = 1,068 m, n = 1,022 m.

Da die Gewölbebreite erst während der Rechnung von 4,200 auf 4,300 m erhöht worden ist, liegt der Berechnung der Einflußlinien noch die Gleichung $b = \dfrac{r - y'}{15} + 4,2$ für die Gewölbebreite im Querschnitte x, y' zugrunde. Die Verbreiterung konnte noch am Schlusse berücksichtigt werden, da alle Spannungen mit Ausnahme der durch Eigenlast und Wind der Breite umgekehrt proportional sind. Die gesuchte Gewölbestärke im Achspunkte P ist $h = 2\,h_1$. Die Koordinaten der Punkte P und P_1 auf das in Abb. 18 gezeichnete Achsenkreuz bezogen, sind u, v und u_1, v_1. Die Gleichung der Bogenachse ist

$$v = r \sin \varphi, \quad u = r \cos \varphi.$$

Die Gleichung des inneren Leibungskreises ist
$$(u - n)^2 + v^2 = r_1^2;$$
die Gleichung der Geraden M P ist
$$v = u \, \text{tg} \, \varphi.$$

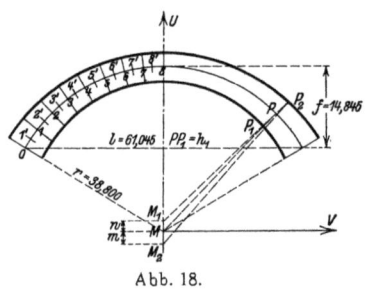

Abb. 18.

Gesucht wird der Schnittpunkt P_1 des inneren Leibungskreises mit der Geraden:
$$u_1 = \cos \varphi [n \cos \varphi + \sqrt{r_1^2 - (n \sin \varphi)^2}]; \; v_1 = \sin \varphi [n \cos \varphi + \sqrt{r_1^2 - (n \sin \varphi)^2}]$$
$$h_1 = \frac{u - u_1}{\cos \varphi} = r - n \cos \varphi - \sqrt{r_1^2 - (n \sin \varphi)^2}; \; h = 2 \cdot h_1.$$

Die Länge des Bogens gemessen in der Achse ist $S = 70,258$ m. Für die Berechnung wird der Bogen in kleine Teile zerlegt, da die vorkommenden Integrale nicht geschlossen aufgelöst werden können und durch endliche Summen ersetzt werden müssen. Von den 16 gleichlangen Teilen hat jedes die Länge $\Delta s = 4,391$ m und den zugehörigen Zentriwinkel $\Delta \varphi = 7,2049^0$. Die jedem Bogenteil zugehörige Größe $\dfrac{\Delta s}{J}$ und $\dfrac{\Delta s}{F}$ muß im Schwerpunkte aller $\dfrac{ds}{J}$ oder $\dfrac{ds}{F}$ des Bogenteiles liegend gedacht werden. Da der Bogenteil angenähert ein Trapez ist, findet sich der Schwerpunkt der $\dfrac{ds}{J}$ auf einfache Art: er liegt im Schnittpunkt der Diagonalen mit der Achse. Da der Halbmesser im Vergleich zu den Querschnittsabmessungen groß ist, nähert sich das Teilungsverhältnis dem Werte ½ und man kann unbedenklich den Schwerpunkt der $\dfrac{ds}{J}$ und $\dfrac{ds}{F}$ eines jeden Bogenteiles in seine Mitte setzen.

B. Die Lage des Achsenkreuzes.

Bei dem symmetrischen Gewölbe genügt es, im Zähler und Nenner der Gleichung 7 die Integrale nur über die halbe Bogenweite auszudehnen. In der Liste 1 sind die den Teilmitten 1' — 8' zukommende Gewölbstärke, Breite und Querschnittsfläche und das Trägheitsmoment angegeben.

Liste 1. Grundlage der Rechnung für lotrechte und wagerechte Längs-Last. Die Größen gehören zu den Teilmitten.

	φ	h	b	F	J	$\dfrac{\Delta s}{J}$	$\dfrac{\Delta s}{F}$	y'	x	y
1'	54,0366	2,509	5,137	12,889	6,7616	0,649 43	0,340 663	25,642	— 29,119	— 9,642
2'	46,8317	2,341	4,929	11,539	5,2697	0,833 29	0,380 555	28,767	— 26,037	— 6,517
3'	39,6268	2,193	4,745	10,405	4,1703	1,052 95	0,421 991	31,523	— 22,617	— 3,761
4'	32,4220	2,066	4,588	9,479	3,4500	1,302 40	0,463 266	33,876	— 18,917	— 1,408
5'	25,2171	1,962	4,460	8,750	2,8070	1,564 33	0,501 815	35,796	— 14,970	+ 0,512
6'	18,0122	1,883	4,363	8,216	2,4272	1,808 94	0,534 494	37,257	— 10,832	+ 1,973
7'	10,8073	1,830	4,297	7,864	2,1945	2,000 97	0,558 421	38,242	— 6,557	+ 2,958
8'	3,6024	1,803	4,264	7,688	2,0828	2,108 41	0,571 170	38,738	— 2,194	+ 3,454

$$c = \frac{\int_1^2 y' \frac{ds}{J}}{\int_1^2 \frac{ds}{J} + \int_1^2 \frac{ds}{Fr^2}} = \frac{399{,}526}{11{,}32073 + 0{,}00251} = 35{,}284 \text{ m}.$$

Vernachlässigt man das zweite Glied des Nenners, so wird $c = 35{,}292$ und die Ungenauigkeit beträgt 0,022 %.

Beim Weglassen des zweiten Nennergliedes wird $\int_1^2 y \frac{ds}{J} = 0$, sonst jedoch

$$\int_1^2 y \frac{ds}{J} = c \int_1^2 \frac{ds}{Fr^2} = 0{,}176830 \frac{1}{m^2}.$$

Der Rechnung ist das genaue $c' = 35{,}284$ m zugrunde gelegt. Die Ordinaten der Bogenachse im neuen Achsenkreuz sind

$$x = x' = r \cos \varphi, \quad y = y' - c.$$

C. Die lotrechten Kräfte.

1. Die Einflußlinien M_0, H_0 G und W_1, W_2, W_3. Die konstanten Nenner der Gruppe 8 und 9 auf Seite 5 sind

$$N_1 = \int_1^2 \frac{ds}{J} + \int_1^2 \frac{ds}{Fr^2}, \quad N_2 = \int_1^2 y^2 \frac{ds}{J} + c^2 \int_1^2 \frac{ds}{Fr^2} + \int_1^2 \sin^2 \varphi \frac{ds}{\alpha F}, \quad N_3 = \int_1^2 x^2 \frac{ds}{J} + \int_1^2 \cos^2 \varphi \frac{ds}{\alpha F}$$

In den Zählern der Gruppen 8, 9 kommen folgende Integrale vor:

$$\int_1^a \frac{ds}{J}, \int_1^a x \frac{ds}{J}, \int_1^a y \frac{ds}{J}, \int_1^a xy \frac{ds}{J}, \int_1^a x^2 \frac{ds}{J}; \quad \int_1^a \frac{ds}{F}, \int_1^a \cos^2 \varphi \frac{ds}{F}, \int_1^a \sin \varphi \cos \varphi \frac{ds}{F}.$$

Der Wert $\alpha = \frac{1}{3}$ und $\frac{1}{\alpha} = 3$ ist auf Seite 3 abgeleitet.

$$N_1 = 22{,}64146 + 0{,}00501 = 22{,}64647 \frac{1}{m^3}$$

$$N_2 = 326{,}7248 + 6{,}2392 + 4{,}5057 = 337{,}4697 \frac{1}{m}$$

$$N_3 = 5558{,}868 + 18{,}129 = 5576{,}997 \frac{1}{m}$$

Die einzelnen Summanden sind für sich angeführt, damit der von der Normal- und Querkraft herrührende Teil von dem Hauptwerte, welcher dem Moment zugehört, sich unterscheidet. Das Glied der Querkraft führt stets den Faktor $\frac{ds}{\alpha F}$, das der Normalkraft $\frac{ds}{F}$ mit sich.

Es werden auf der linken Trägerhälfte 9 Lastlagen in den Punkten 0—8 nach Abb. 18, S. 26 angenommen,

$$a_0 = 0, \quad a_8 = \frac{l}{2}, \quad a = \frac{l}{2} - r \sin \psi.$$

Die Werte stehen in der Liste 2.

Liste 2. Die Lastlagen, die zugehörigen Querschnittsgrößen und die Bogeneigenlast in t.

	ζ'	x	y	a	$\dfrac{a}{l}$	h	b	F	W	$2{,}4 \cdot F \cdot \Delta s$
0	57,6390	— 30,523	— 11,329	0	0	2,600	5,250	13,650	5,910	70,3
1	50,4341	— 27,622	— 8,036	2,901	0,047 522	2,412	5,030	12,132	4,877	127,9
2	43,2292	— 24,368	— 5,091	6,154	0,100 815	2,250	4,834	10,877	4,079	114,6
3	36,0243	— 20,803	— 2,532	9,720	0,159 226	2,113	4,663	9,851	3,468	103,8
4	28,8196	— 16,971	— 0,392	13,552	0,221 998	2,000	4,521	9,042	3,014	95,3
5	21,6147	— 12,922	+ 1,301	17,601	0,288 323	1,913	4,408	8,430	2,687	88,8
6	14,4098	— 8,708	+ 2,526	21,815	0,357 361	1,850	4,326	8,003	2,467	84,3
7	7,2049	— 4,382	+ 3,268	26,141	0,428 221	1,812	4,277	7,750	2,340	81,7
8	0	0	+ 3,516	30,523	0,500 000	1,800	4,260	7,608	2,300	80,8

Bei der Ermittlung der Spannungen sollte der Einfluß der Nebenkräfte beobachtet werden; deshalb wurden wiederholt nicht die zur Rechnung einfachsten Gleichungen gewählt, welche am Schlusse der Untersuchung in der Zusammenfassung angeführt sind, sondern jene, bei denen sich eben der gesuchte Einfluß deutlich hervorhob. Die Werte von M_0 H_0 G stehen in den Listen 3, 4, 5, 6; die Teile der Zähler sind getrennt und zum Schlusse in ihrer Summe angegeben. Die Einflußlinien der M_0, H_0, G und auch die Grundwerte W_1, W_2, W_3 wurden in Abb. 19 mit den gefundenen Werten aufgetragen. M_0 und H_0 sind symmetrische Linien; bei G entsprechen 2 symmetrischen Lastlagen entgegengesetzt gleiche Werte: es hat „negative Symmetrie". Bemerkenswert ist, daß die Linie der Gewölbstärke h mit großer Annäherung eine Parabel ist.

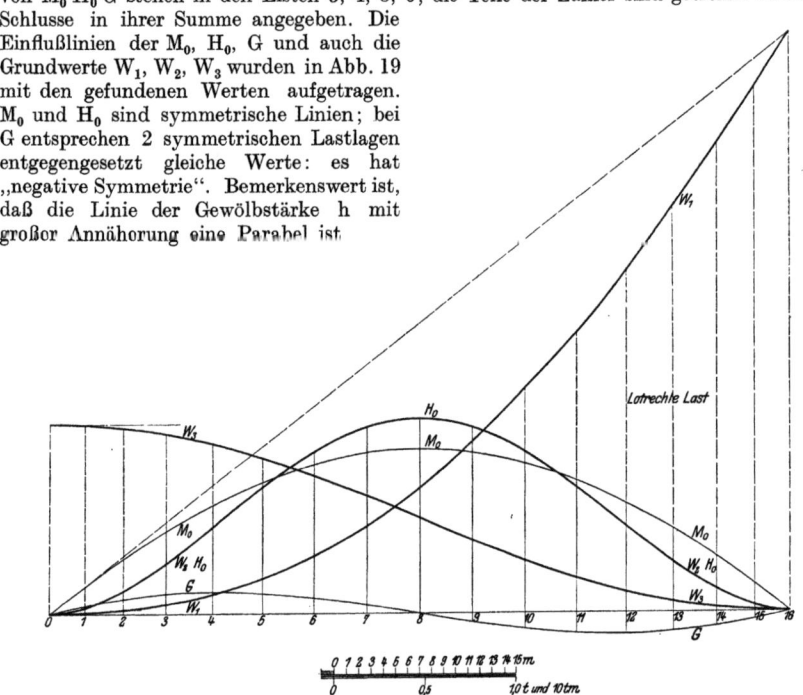

Abb. 19. Die Einflußlinien der zusätzlichen Lagerkräfte M_0, H_0, G und der Grundwerte W_1, W_2, W_3 für lotrechte Last.

Zur Sicherheit wurde eine Proberechnung der Werte M_0, H_0, G nach den vereinfachten Gleichungen ohne Nebenkräfte unter Benutzung einer dreistelligen Rechentafel durchgeführt; sie ergab eine genügende Übereinstimmung. Die gesamte Hauptrechnung wurde mit sechsstelligen Logarithmen durchgeführt, da der Nebenzweck der Untersuchung diese sonst ungebräuchliche Genauigkeit erwünscht sein ließ.

Liste 3. Einflußlinie M_0, für lotrechte Last.

	1	2	3	4	5	6	7	8
$\left(\dfrac{l}{2}-a\right)\int_1^a \dfrac{ds}{J}$	17,9387	36,1315	52,7489	65,1354	69,8093	62,7931	40,3665	0
$\dfrac{a}{2}\int_1^2 \dfrac{ds}{J}$	32,8347	69,6713	110,0375	153,4179	199,2541	246,9641	295,9340	345,5391
$\int_1^a x\,\dfrac{ds}{J}$	— 18,9107	— 46,6070	— 64,4264	— 89,0640	— 112,4824	— 132,0769	— 145,1935	— 149,8201
$\dfrac{1}{r^2}\left[\left(\dfrac{l}{2}-a\right)\int_1^a \dfrac{ds}{F} + \dfrac{a}{2}\int_1^2 \dfrac{ds}{F}\right]$	0,0137	0,0271	0,0402	0,0521	0,0622	0,0700	0,0748	0,0764
Z_1	31,8764	65,2229	98,4002	129,5414	156,6432	177,7503	191,1818	195,7955
M_0	— 1,4076	— 2,8800	— 4,3451	— 5,7201	— 6,9169	— 7,8489	— 8,4420	— 8,6457
$100\,p_1$	0,0197	0,0194	0,0187	0,0181	0,0176	0,0172	0,0170	0,0169

$$\int_0^{l/2} z\,da = 1{,}539, \qquad \int_0^{l/2} Z_1\,da = 3862{,}452.$$

Liste 4. Einflußlinie H_0, für lotrechte Last.

	1	2	3	4	5	6	7	8
$\left(\dfrac{l}{2}-a\right)\int_1^a y\,\dfrac{ds}{J}$	— 172,955	— 284,918	— 325,606	— 296,738	— 215,592	— 114,192	— 31,523	0
$\int_1^a x\,y\,\dfrac{ds}{J}$	183,328	323,725	413,303	447,983	435,390	397,318	358,511	342,530
$-\dfrac{c}{r^2}\left(\dfrac{l}{2}-a\right)\int_1^a \dfrac{ds}{F}$	— 0,219	— 0,412	— 0,558	— 0,639	— 0,639	— 0,539	— 0,329	0
$\dfrac{1}{a}\int_1^a \sin\varphi\cos\varphi\,\dfrac{ds}{F}$	0,507	1,075	1,675	2,266	2,802	3,232	3,511	3,608
Z_2	9,660	39,470	88,817	152,872	222,561	285,819	330,170	346,138
H_0	0,028 625	0,116 959	0,263 185	0,452 994	0,659 499	0,846 946	0,978 370	1,025 686
$100\,p_1'$	— 4,15	— 2,93	— 2,51	— 2,30	— 2,17	— 2,07	— 1,98	— 1,88
$100\,p_1''$	+ 3,62	+ 1,37	+ 0,53	+ 0,13	+ 0,09	— 0,22	— 0,29	— 0,31

$$\int_0^{l/2} z'\,da = -11{,}041, \quad \int_0^{l/2} z''\,da = +68{,}919, \quad \int_0^{l/2} Z_2\,da = +5427{,}198$$

Der Talübergang bei Langenbrand.

Liste 5. Einflußlinie G, für lotrechte Last.

	1	2	3	4	5	6	7	8
$\left(\dfrac{l}{2}-a\right)\int_1^a x\,\dfrac{ds}{J}$	— 522,355	— 989,528	—1340,244	—1511,490	—1453,480	—1150,063	— 636,210	0
$-\dfrac{a}{l}\int_1^2 x^2\,\dfrac{ds}{J}$	— 264,116	— 560,419	— 885,116	—1234,050	—1602,752	—1986,543	—2380,422	—2779,434
$\int_1^a x^2\,\dfrac{ds}{J}$	550,663	1115,567	1654,402	2130,473	2471,053	2683,300	2769,281	2779,434
$\dfrac{l}{a}\left[\int_1^a \cos^2\varphi\,\dfrac{ds}{F}-\dfrac{a}{l}\int_1^2 \cos^2\varphi\,\dfrac{ds}{F}\right]$	— 0,443	— 0,754	— 0,977	— 1,055	— 0,977	— 0,750	— 0,407	0
Z_3	— 263,251	— 435,134	— 571,935	— 626,122	— 586,156	— 454,056	— 247,758	0
G	0,042 362	0,078 023	0,102 553	0,122 269	0,105 103	0,081 416	0,044 425	0
100 p_1	0,14	0,15	0,16	0,16	0,16	0,16	0,16	$\dfrac{0}{0}$

$$\int_0^{\frac{l}{2}} z\,da = -20{,}717, \quad \int_0^{\frac{l}{2}} Z_3\,da = -12230{,}457.$$

Liste 6. Die Werte M_0, H_0, G der rechten Brückenhälfte, für lotrechte Last.

	16	15	14	13	12	11	10	9	8
M_0	0	—1,4076	—2,8800	—4,3451	—5,7201	—6,9169	—7,8489	—8,4420	—8,6457
H_0	0	0,028625	0,116959	0,263185	0,452994	0,659499	0,846946	0,978370	1,025686
G	0	—0,042362	—0,078023	—0,102553	—0,112269	—0,105103	—0,081416	—0,044425	0

2. Der Einfluß der Normal- und Querkraft auf M_0, H_0, G. Um den Einfluß der Normal- und Querkraft auf das Ergebnis festzustellen, wurden die an ihren Faktoren kenntlichen Beträge gegenseitig ins Verhältnis gesetzt. Zunächst wurde der prozentuale Beitrag der Normal- oder Querkraft zu den Einzelwerten von M_0, H_0, G für die 8 Lastlagen 1—8 und dann der gemittelte prozentuale Beitrag, welcher durch das Verhältnis des von der Normal- oder Querkraft stammenden Flächenteils zur Gesamtfläche der Einflußlinie bestimmt wird, berechnet und zeichnerisch dargestellt. Der genaue Wert von M_0, H_0, G für die Lastlage a wurde mit $\dfrac{Z}{N}$ bezeichnet. Im Zähler wie im Nenner erscheint bei M_0 nur die Normalkraft, bei G nur die Querkraft und bei H_0 Quer- und Normalkraft. Der Beitrag einer dieser Nebenkräfte zum Zähler sei z, zum Nenner n und der Restwert des Zählers oder Nenners sei A und B.

$$\frac{Z}{N} = \frac{A+z}{B+n}.$$

Der Wert von M_0, H_0, G ohne Nebenkraft ist dann $\dfrac{A}{B}$. Der Einfluß der einen Nebenkraft auf den Einzelwert für die Lastlage a ist p_1.

$$p_1 = \frac{\dfrac{Z}{N}-\dfrac{A}{B}}{\dfrac{Z}{N}} = \frac{z}{Z}-\frac{n}{B}\cdot\frac{A}{Z}.$$

Angenähert ist $\dfrac{A}{Z} = 1$ und $p_1 = \dfrac{z}{Z} - \dfrac{n}{B}$.

Für den gemittelten Einfluß p_2 der Nebenkraft braucht man die Gesamtfläche der Einflußlinie und den der Nebenkraft zugehörigen Flächenteil.

$$p_2 = \frac{\frac{1}{2}\sum_0^8 {}_\lambda (z_\lambda + z_{\lambda+1})\Delta a}{\frac{1}{2}\sum_0^8 {}_\lambda (Z_\lambda + Z_{\lambda+1})\Delta a} - \frac{n}{B}.$$

Der von den Lastlagen unabhängige Nenner N bleibt zunächst außer Betracht und es werden wie vorhin $\frac{z}{Z}$ so jetzt die Flächenwerte ins Verhältnis gesetzt. Zieht man von diesem Verhältniswerte das Verhältnis der Nennergrößen ab, so erhält man endlich den gemittelten Einfluß p_2 der einen Nebenkraft. Dieser Vergleich gibt einen richtigeren Maßstab zur Beurteilung als jener der Einzelwerte.

In der Gleichung 8 für M_0 ist der Beitrag der Normalkraft

$$z = +\frac{1}{r^2}\left[\left(\frac{l}{2}-a\right)\int_1^a \frac{ds}{F} + \frac{a}{2}\int_1^2 \frac{ds}{F}\right], \quad n = \frac{1}{r^2}\int_1^2 \frac{ds}{F} = 0{,}00501,$$

$$B = \int_1^2 \frac{ds}{J} = 22{,}64146, \quad \frac{n}{B} = 0{,}000221.$$

In der Gleichung 8 für H_0 ist der Beitrag der Normalkraft

$$z' = -\frac{c}{r^2}\left(\frac{l}{2}-a\right)\int_1^a \frac{ds}{F}, \quad n' = +\frac{c^2}{r^2}\int_1^2 \frac{ds}{F} = 6{,}2392,$$

$$B' = \int_1^2 y^2 \frac{ds}{J} + \int_1^2 \sin^2\varphi \frac{ds}{\alpha F} = 331{,}2305, \quad \frac{n'}{B'} = 0{,}018837$$

und der Beitrag der Querkraft

$$z'' = +\int_1^a \sin\varphi \cos\varphi \frac{ds}{\alpha F}, \quad n'' = \int_1^2 \sin^2\varphi \frac{ds}{\alpha F} = 4{,}5057,$$

$$B'' = \int_1^2 y^2 \frac{ds}{J} + \frac{c^2}{r^2}\int_1^2 \frac{ds}{F} = 332{,}9640, \quad \frac{n''}{B''} = 0{,}013532.$$

In der Gleichung 8 für G ist der Beitrag der Querkraft

$$z = \int_1^a \cos^2\varphi \frac{ds}{\alpha F} - \frac{a}{l}\int_1^2 \cos^2\varphi \frac{ds}{\alpha F}, \quad n = \int_1^2 \cos^2\varphi \frac{ds}{\alpha F} = 18{,}1287,$$

$$B = \int_1^2 x^2 \frac{ds}{J} = 5558{,}868, \quad \frac{n}{B} = 0{,}003261.$$

In den Listen 3, 4, 5 wurden die Werte ausgerechnet. Genäherte Gleichungen für M_0, H_0, G ergeben zu große Werte, wenn $p < 0$ und zu kleine Werte, wenn $p > 0$.

Der Einfluß der Normalkraft auf M_0 ist verschwindend; erreichen doch die prozentualen Einzelbeträge nicht einmal 0,02 % und auch im Mittel wird M_0 nur um 0,018 %

bei Vernachlässigung der Normalkraft zu klein. In weit höherem Maße ist H_0 von der Normalkraft abhängig. In der Kämpfernähe wird H_0 um 4,15 % und auch gemittelt noch um 2,09 % ohne sie zu groß. Die Querkraft trägt nur wenig zu H_0 bei. Der gemittelte Einfluß erreicht nur 0,084 %; Einzelbeträge erreichen allerdings bis zu 3,6 %, aber nur in Kämpfernähe, wo H_0 an und für sich sehr klein ist. Das Querkraftglied des Nenners hebt den Einfluß des Zählers auf. Die Querkraft ist auch bei G ohne Bedeutung. Ihr Einzeleinfluß wächst nur bis zu $+ 0,16$ % und ihr gemittelter Einfluß ist nur $- 0,157$ %.

Als Ergebnis darf zusammengefaßt werden, daß bei allen Bögen mit ähnlichen Verhältnissen die Querkraft bedeutungslos ist und auch die Normalkraft nur bei H_0 berücksichtigt werden muß.

3. Der Einfluß der Normal- und Querkraft auf die Spannungen. Die Wirkung der Nebenkräfte wurde weiter bis zu den Kantenpressungen der Querschnitte im Kämpfer, Scheitel und in der gefährdeten Fuge 11 verfolgt. Aus den bereits berechneten Flächenwerten der M_0-, H_0-, G-Linien ist es möglich, den Flächenwert der Einflußlinien für die Kantenpressung eines Querschnittes zu finden.

$$\sigma = -\frac{N}{F} \mp \frac{M}{W}, \int_0^l \sigma\,da = -\frac{1}{F}\int_0^l N\,da \mp \frac{1}{W}\int_0^l M\,da,$$

$$\int_0^l N\,da = \cos\varphi \int_0^l H_0\,da + \sin\varphi \int_0^l G\,da + \sin\varphi \int_0^l \mathfrak{V}\,da$$

$$\int_0^l M\,da = \int_0^l M_0\,da - y\int_0^l H_0\,da + x\int_0^l G\,da + \int_0^l \mathfrak{M}\,da$$

Die Fläche $\int \sigma\,da$ wurde sowohl von $0-l$ als auch von $0-\frac{l}{2}$ berechnet, damit auch G darin enthalten war. Die Spannung entspricht das eine Mal einer über den ganzen Träger gleichförmig verteilten Last, $1\ t/l$ fm und das andere Mal einer gleichen Belastung der linken Trägerhälfte.

$$\int_0^l M_0\,da = -341{,}08, \quad \int_0^l H_0\,da = +32{,}164, \quad \int_0^l G\,da = 0,$$

$$\int_0^{\frac{l}{2}} M_0\,da = -170{,}54, \quad \int_0^{\frac{l}{2}} H_0\,da = +16{,}082, \quad \int_0^{\frac{l}{2}} G\,da = +2{,}1929.$$

Um welche Beträge diese Größen beim Fortlassen von N oder Q sich ändern, gibt Liste 3, 4, 5 an. Der Inhalt der vom frei aufliegenden Träger stammenden Flächen ist allgemein:

$$\int_0^l \mathfrak{V}\,da = -x, \quad \int_0^l \mathfrak{M}\,da = \frac{1}{8}(l^2 - 4x^2)$$

$$\int_0^{\frac{l}{2}} \mathfrak{V}\,da = -\frac{l}{8}, \quad \int_0^{\frac{l}{2}} \mathfrak{M}\,da = +\frac{l}{8}\left(\frac{l}{2} - x\right)$$

Die genauen und genäherten Spannungswerte sind in der Liste 7 zusammengestellt und der Einfluß von N und Q in Prozenten ausgedrückt in der Liste 8.

Liste 7.
Der Beitrag der Normal und Querkraft zu den Spannungen.

Ganzer Träger belastet	Genau	Ohne N	Ohne Q	Halber Träger belastet	Genau	Ohne N	Ohne Q
\multicolumn{8}{c}{Querschnitt 11:}							
$\int_0^l \sigma_0\, da$	−2,86	−2,71	−2,86	$\int_0^{l/2} \sigma_0\, da$	+ 8,70	+ 8,82	+ 8,69
$\int_0^l -\frac{N}{F}\, da$	−3,08	−3,23	−3,08	$\int_0^{l/2} -\frac{N}{F}\, da$	− 2,01	− 7,05	− 2,07
$\int_0^l -\frac{M}{W}\, da$	+ 0,22	+ 0,52	+ 0,22	$\int_0^{l/2} -\frac{M}{W}\, da$	+ 10,71	+ 10,87	+ 10,71
$\int_0^l \sigma_u\, da$	−3,30	−3,75	−3,30	$\int_0^{l/2} \sigma_u\, da$	−12,72	−12,92	−12,73
\multicolumn{8}{c}{Linker Kämpfer:}							
$\int_0^l \sigma_0\, da$	−7,17	−8,50	−7,22	$\int_0^{l/2} \sigma_0\, da$	+ 7,28	+ 6,58	+ 7,26
$\int_0^l -\frac{N}{F}\, da$	−3,22	−3,24	−3,22	$\int_0^{l/2} -\frac{N}{F}\, da$	− 2,10	− 2,12	− 2,10
$\int_0^l -\frac{M}{W}\, da$	−3,95	−5,26	−4,00	$\int_0^{l/2} -\frac{M}{W}\, da$	+ 9,38	+ 8,70	+ 9,36
$\int_0^l \sigma_u\, da$	+ 0,73	+ 2,02	+ 0,78	$\int_0^{l/2} \sigma_u\, da$	−11,48	−10,82	−11,46
\multicolumn{8}{c}{Bogenscheitel:}							
$\int_0^l \sigma_0\, da$	−9,28	−9,08	−9,22	$\int_0^{l/2} \sigma_0\, da$	−4,64	−4,58	−4,61
$\int_0^l -\frac{N}{F}\, da$	−4,20	−5,08	−4,20	$\int_0^{l/2} -\frac{N}{F}\, da$	−2,10	−2,54	−2,10
$\int_0^l -\frac{M}{W}\, da$	−5,08	−4,08	−5,02	$\int_0^{l/2} -\frac{M}{W}\, da$	−2,54	−2,04	−2,51
$\int_0^l \sigma_u\, da$	+ 0,88	− 1,00	+ 0,82	$\int_0^{l/2} \sigma_u\, da$	+ 0,44	− 0,50	+ 0,41

34 Der Talübergang bei Langenbrand.

Die Zahlen sind t/m^2 und Druck erscheint mit Minuszeichen. In der folgenden Liste wird der prozentuale Einfluß der Nebenkräfte festgestellt:

Liste 8.
Der Einfluß der Normal und Querkraft auf die Spannungen.

	Ganzer Träger belastet						Linke Trägerhälfte belastet					
	Linker Kämpf.		Scheitel		Querschnitt 11		Linker Kämpf.		Scheitel		Querschnitt 11	
	σ_o	σ_u	σ_o	σ_u	σ_o	σ_u	σ_o	σ_u	σ_o	σ_u	σ_o	σ_u
%	+ 18,6	+ 17,7	— 2,2	+ 214	— 5,3	+ 13,7	— 9,6	— 5,7	— 3,0	+ 214	+ 1,4	+ 1,6
Unterschied	+ 1,33	+ 1,29	— 0,20	+ 1,88	— 0,15	+ 0,45	— 0,70	— 0,66	— 0,14	+ 0,94	+ 0,12	+ 0,20
Ohne N	— 8,50	+ 2,02	— 9,08	— 1,00	— 2,71	— 3,75	+ 6,58	— 10,82	— 4,50	— 0,50	+ 8,82	— 12,92
Genau	— 7,17	+ 0,73	— 9,28	+ 0,88	— 2,86	— 3,30	+ 7,28	— 11,48	— 4,64	+ 0,44	+ 8,70	— 12,72 t/m^2
Ohne Q	— 7,22	+ 0,78	— 9,22	+ 0,82	— 2,86	— 3,30	+ 7,26	— 11,46	— 4,61	+ 0,41	+ 8,69	— 12,73
Unterschied	+ 0,05	+ 0,05	— 0,06	— 0,06	0	0	— 0,02	— 0,02	— 0,03	— 0,03	— 0,01	+ 0,01
%	+ 0,5	+ 6,9	— 0,6	— 6,8	0	0	— 0,3	— 0,2	— 0,6	— 6,8	— 0,1	+ 0,1

(Normalkraft / Querkraft)

Auch hier ist das Ergebnis, daß die Querkraft bedeutungslos und nur die Normalkraft von Einfluß ist. Eine weitere Überlegung zeigt, daß bei H_0 auch das veränderliche von der Normalkraft stammende Zählerglied ohne wesentliche Einbuße an Genauigkeit fehlen darf, denn man sieht aus der Gleichung $100\, p_2{'} = 100\,(-0{,}002034 - 0{,}018837)$ %, daß ohne das Nennerglied H_0 um 1,88 %, ohne das Zählerglied jedoch nur um 0,20 % zu groß wird. Mit voller Berechtigung dürfen daher die Grundgleichungen 9 diese endgültige Form haben.

$$W_1 = \frac{\left(\frac{l}{2}-a\right)\int_1^a \frac{ds}{J} + \int_1^a x\,\frac{ds}{J}}{\int_1^2 \frac{ds}{J}}, \quad M_0 = -\frac{a}{2} - W_1 \text{ zu klein um } 0{,}02\ \%$$

$$W_2 = \frac{\left(\frac{l}{2}-a\right)\int_1^a y\,\frac{ds}{J} + \int_1^a x\,y\,\frac{ds}{J}}{\int_1^2 y^2\,\frac{ds}{J} + c^2\int_1^a \frac{ds}{Fr^2}}, \quad H_0 = + W_2 \text{ zu groß um } 0{,}29\ \%$$

$$W_3 = \frac{\left(\frac{l}{2}-a\right)\int_1^a x\,\frac{ds}{J} + \int_1^a x^2\,\frac{ds}{J}}{\int_1^2 x^2\,\frac{ds}{J}}, \quad G = + \frac{a}{l} - W_3 \text{ zu groß um } 0{,}16\ \%.$$

4. Die Kämpferdruck-Schnitt- und Umhüllungslinien. Aus den M_0, H_0, G findet man nach Gleichung 1 und 2 die Kräfte am linken Lager M_1, H_1, A, welche in Liste 9 angegeben sind. Die Einflußlinien sind auf Abb. 20 dargestellt.

Aus den Werten v, f der Gleichungen 11 und Liste 9 wurden die Kämpferdruckschnittlinie und die beiden Umhüllungslinien gezeichnet. Für $a = 0$ ist $v = \frac{0}{0}$; eine Differen-

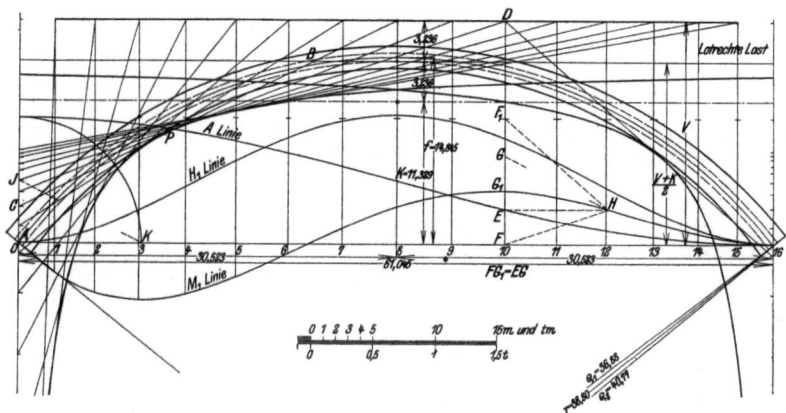

Abb. 20. $FG_1 = M_1$, $EH = H_1$, $EF = A$.
Die Einflußlinien der Kräfte M_1, A, H_1 am linken Kämpfer und die Kämpferdruck-Schnitt- und Umhüllungslinien für lotrechte Last.

tiation des Zählers und Nenners ergab $v = \infty$. Mit Ausnahme der Kämpfernähen fällt die Schnittlinie fast genau mit der Parallelen zur Kämpferverbindungslinie zusammen. Die Kreisbögen, welche durch die mittleren Drittel der Kämpfer und Scheitelfugen gehen, werden als Kernlinien betrachtet und sind auf Abb. 20 mit ihren Halbmessern 38,155 und 39,453 m gezeichnet.

Liste 9.
Die Kämpferkräfte mit Schnitt- und Umhüllungslinien, für lotrechte Last.

	M_1	A	H_1	v	f
0	0	1	0	—	— ∞
1	— 2,3757	0,994 553	0,028 625	17,796	— 82,980
2	— 3,9364	0,977 208	0,116 959	17,764	— 33,656
3	— 4,4936	0,943 327	0,263 185	17,765	— 17,075
4	— 4,0148	0,890 271	0,452 994	17,771	— 8,863
5	— 2,6534	0,816 780	0,659 499	17,774	— 4,023
6	— 0,7388	0,724 055	0,846 946	17,779	— 0,871
7	+ 1,2861	0,616 204	0,978 370	17,800	+ 1,915
8	+ 2,9744	0,500 000	1,025 686	17,800	+ 2,899
9	+ 3,9980	0,383 796	0,978 370	17,800	+ 4,687
10	+ 4,2313	0,275 925	0,846 946	17,779	+ 4,997
11	+ 3,7626	0,183 220	0,659 499	17,774	+ 5,705
12	+ 2,8387	0,109 729	0,452 994	17,771	+ 6,266
13	+ 1,7367	0,056 673	0,263 185	17,765	+ 6,712
14	+ 0,8265	0,022 792	0,116 959	17,764	+ 7,068
15	+ 0,2101	0,005 447	0,028 625	17,796	+ 7,338
16	0	0	0	—	—

5. Die Einflußlinien der Kantenpressung. Die vereinfachte Gleichung für die Kantenpressung eines Querschnittes lautet für die obere Faser: $\sigma_0 = -\dfrac{N}{F} - \dfrac{M}{W}$ und die untere Faser $\sigma_u = -\dfrac{N}{F} + \dfrac{M}{W}$. Druck ist wie früher mit Minus, Zug mit Plus bezeichnet. Es werden 9 Querschnitte $a_0 - a_8$ untersucht, deren Achspunkte mit den früheren Lastlagen zusammenfallen (Abb. 18). Da die Gewölbestärke und Breite bisher nur für die Mitten der Bogenteile berechnet wurden, müssen sie für die neun Querschnitte ermittelt werden. Nach Seite 28 ist die vereinfachte Gleichung der Gewölbestärke $h = 2,6 - 3,2 n \dfrac{(16-n)}{16^2}$, $n = 0-8$. Die Werte F und W sind in Liste 2 Seite 28 mit den Koordinaten x, y der Achspunkte der neun Querschnitte und den Werten $\frac{a}{l}$ gegeben. Die Berechnung der Werte M, N geschah nach Gleichung 12. Die Einheit der Größe drückt den Wert $1\,\frac{t}{m^2} = 0,1\,\frac{kg}{cm^2}$ aus, da Längen und Lasten mit m und t in die Rechnung eingeführt wurden. Die Linien der σ_o und σ_u für den als Beispiel herausgegriffenen Querschnitt 5 sind auf Abb. 21 gezeichnet.

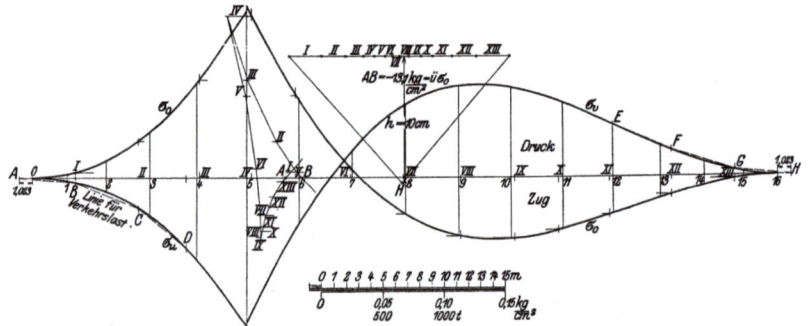

Abb. 21. Die Einflußlinien der Normalspannung in der oberen und unteren Faser des Querschnittes 5 für lotrechte Last und die zeichnerische Bestimmung von üσ_0.

Im Querschnitt selbst macht die Einflußlinie den von N herrührenden Sprung $\frac{\sin \varphi}{F}$. Druck wurde oberhalb und Zug unterhalb der Abszissenachse aufgetragen.

6. Die Einflußlinie der Scheitelsenkung. Bei der Berechnung wurde wieder Wert darauf gelegt, den Beitrag von N und Q zur Scheitelsenkung hervorzuheben; darum wurde Gleichung 13 so umgebildet, daß statt den W_1, W_2, W_3 die Zusatzkräfte M_0, H_0, G erschienen, bei welchen der Einfluß der Nebenkräfte schon berechnet war. Der eigentlichen Rechnung ging eine Proberechnung mit der üblichen Gleichung

$$E\,d = \int_1^2 n_1\,\frac{N\,ds}{F} + \int_1^2 m_1\,\frac{M\,ds}{J}$$

voraus, welche jedoch erheblich mehr Rechenarbeit erforderte, als die noch die Querkraft enthaltende Gleichung 13 oder 14. Um nämlich $E \cdot d$ für die 9 Lastlagen a_0—a_8 zu finden, mußten je 8 Zustandslinien der M, N, für jede Lastlage eine, gerechnet werden. Die Werte m_1, n_1 wurden den Zustandslinien für $a = \frac{l}{2}$ entnommen. Nach Gleichung 2 ist für

$a = \frac{l}{2}$, $m_1 = -8,6457 - 1,0257\,y + \frac{1}{2}\left(\frac{l}{2} + x\right)$, $n_1 = 1,0257 \cos \varphi + \frac{1}{2} \sin \varphi$.

Die Rechnung wurde mit dem Rechenschieber durchgeführt und das Ergebnis in Liste 10 zusammengestellt. Positive Werte bedeuten eine Senkung, negative eine Hebung des Scheitels.

Liste 10. Genäherte Einflußlinie der Scheitelsenkung, für lotrechte Last.

	1	2	3	4	5	6	7	8
$\int_1^2 n_1\,N\,\frac{ds}{F}$	0,49	1,47	2,88	4,55	6,29	7,82	8,84	9,26
$\int_1^2 m_1\,M\,\frac{ds}{J}$	—2,35	—7,42	—12,40	—13,17	—5,42	+9,69	+26,30	+37,24
E d, genähert . .	—1,86	—5,95	—9,52	—8,62	+0,87	+17,51	+35,14	+46,47

Die Hauptrechnung erfolgte wieder logarithmisch mit Beizug von N, Q nach der auf Gleichung 13 fußenden Gleichung:

$$E\,d = \alpha_1 M_0 + \alpha_2 H_0 + \alpha_3 G + \alpha_4 \cdot \frac{a}{l} + \frac{1}{2}\int_1^a \sin^2\varphi\,\frac{ds}{F} + \frac{1}{2}\int_1^a \cos^2\varphi\,\frac{ds}{\alpha F}$$

$$\alpha_1 = \int_1^{\frac{l}{2}} x\,\frac{ds}{J} = -149{,}8201, \quad \alpha_2 = -\int_1^{\frac{l}{2}} x\,y\,\frac{ds}{J} + \frac{\alpha-1}{\alpha}\int_1^{\frac{l}{2}} \sin\varphi\cos\varphi\,\frac{ds}{F}$$
$$= -342{,}530 - 2{,}404 = -344{,}934$$

$$\alpha_3 = -\int_1^{\frac{l}{2}} x^2\,\frac{ds}{J} = -2779{,}434, \quad \alpha_4 = \int_1^{\frac{l}{2}} x^2\,\frac{ds}{J} - \frac{l}{2}\int_1^{\frac{l}{2}} x\,\frac{ds}{J} = -1793{,}520.$$

In Liste 11 sind die Einzelwerte, die von N, Q stammenden Beträge und die Endwerte aufgezählt. Die Übereinstimmung der genauen mit der genäherten Rechnung genügt.

Liste 11.
Genaue Einflußlinie der Scheitelsenkung, für lotrechte Last.

	1	2	3	4	5	6	7	8
$\alpha_1 M_0$	210,881	431,488	650,976	856,994	1036,290	1175,930	1264,781	1295,310
$\alpha_2 H_0$	— 9,873	— 40,342	— 90,780	— 156,251	— 227,481	— 292,137	— 337,469	— 353,789
$\alpha_3 G$	— 117,740	— 216,857	— 285,035	— 312,040	— 292,122	— 226,287	— 123,475	0
$\alpha_4 \frac{a}{l}$	— 85,215	— 180,815	— 285,575	— 398,157	— 517,114	— 640,933	— 768,022	— 896,760
$+\frac{1}{2}\int_1^a \cos^2\varphi\,\frac{ds}{\alpha F}$	0,223	0,537	0,955	1,485	2,125	2,865	3,678	4,532
$\frac{1}{2}\int_1^a \sin^2\varphi\,\frac{ds}{F}$	0,096	0,182	0,254	0,308	0,346	0,369	0,374	0,375
E d genau	— 1,629	— 5,807	— 9,205	— 7,661	+ 2,044	+ 19,807	+ 39,866	+ 49,668
$\int_1^2 n_1 N\,\frac{ds}{F}$	0,481	1,414	2,770	4,430	6,183	7,730	8,794	9,207
$\int_1^2 q_1 Q\,\frac{ds}{\alpha F}$	— 0,267	— 0,442	— 0,490	— 0,369	— 0,076	+ 0,426	+ 1,076	+ 1,883

Als Grundlage für die Beurteilung des Einflusses von N, Q wurde die Fläche der genauen Einflußlinie, der von N und der von Q herrührende Flächenteil berechnet.

$$\int_0^{\frac{l}{2}} E\,d\,da = 286{,}378, \quad \int_0^{\frac{l}{2}} E\,d_n\,da = 150{,}817, \quad \int_0^{\frac{l}{2}} E\,d_q\,da = 4{,}784.$$

Es findet sich der gemittelte Einfluß von N auf die Scheitelsenkung zu

$$p_n = 100 \cdot \frac{150{,}817}{286{,}378} = +52{,}65\,\%$$

und der Querkraft zu

$$p_q = 100 \cdot \frac{4{,}784}{286{,}378} = +1{,}67\,\%.$$

Die Querkraft hat somit nur eine geringe Wirkung, aber die Normaklraft bewirkt die Hälfte der Scheitelsenkung.

Die Möglichkeit einer Scheitelhebung, wie sie Abb. 22 zeigt, leuchtet sofort ein, wenn man bedenkt, daß die Einflußlinie der Scheitelsenkung zugleich Biegungslinie des Bogens für eine im Scheitel hängende Last ist. Nach Abb. 22 liegen die Wendepunkte J_1' und J_2' der Biegungslinie senkrecht unter den beiden Schnittpunkten J_1, J_2 des Kämpferdruckes R mit der Bogenachse.

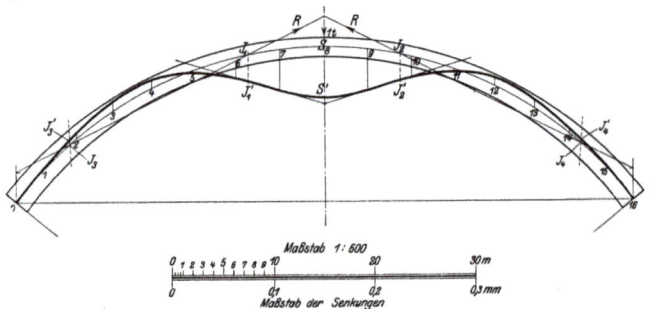

Abb. 22. Die Einflußlinie der Scheitelsenkung für lotrechte Last und zugleich Biegungslinie für im Scheitel hängende Last.

Nach Ausweis der Liste 11 bewirkt N für alle Lastlagen eine Scheitelsenkung, während Q und M bis zur Lastlage a_5 den Scheitel heben.

7. Die ruhende Last. Zwischen der symmetrisch verteilten Bogeneigenlast und der durch die Bahnsteigung 1 : 45 unsymmetrischen Last der Bogenübermauerung wird in der Rechnung scharf unterschieden. Die Spannung durch die Eigenlast ist e σ, durch die Übermauerung ü σ und durch beide zusammen, also durch die gesamte ruhende Last r σ = e σ + ü σ.

Die Eigenlast des Bogens. Das spezifische Gewicht des Baustoffes wird zu 2,4 t/m³ genommen, da der Bogen aus Granitquadern besteht. Die Eigenlastspannung ist von der Gewölbebreite unabhängig. Der Bogen wurde neuerdings so geteilt, daß der Schwerpunkt eines jeden Teiles mit einer der früheren Lastlagen zusammenfiel, also mit den Punkten 1—8; daß also ein Teil von 2'—3' (Abb. 18 S. 26) u. s. f. reicht. Wegen der Symmetrie wird nur die linke Brückenhälfte berechnet.

Es werden nun die Linien gesucht, welche für jeden Punkt der oberen und unteren Leibung des Bogens das zugehörige e σ angeben. Man kann von ihnen ebenso viele Punkte finden, als Einflußlinien σ berechnet worden sind. Es ist $e\sigma = \sum\limits_{0}^{16} 2{,}4\, F\,\Delta s\,\delta$, wobei δ der zum Schwerpunkt des Bogenteiles gehörige Wert der Einflußlinie σ ist. Die Werte $e\sigma_0$, $e\sigma_u$ sind in Liste 24 und 25 enthalten und auf Abb. 23 als Ordinaten aufgetragen. Beide Linien sind insofern voneinander abhängig, als dem Wachsen der Werte der einen Linie ein Fallen der anderen entspricht. Die größte Spannung von 12,67 kg/cm² Druck ist in der oberen Faser des Scheitels und dementsprechend die kleinste mit 4,53 kg/cm² dort in der unteren Faser.

Die Last der Übermauerung. Einzig und allein durch die Übermauerung, welche der Bahnneigung angepaßt ist, kommt in den Kräfteverlauf die Unsymmetrie, und daher müssen nur die Spannungen ü σ für die ganze Spannweite berechnet werden. Als spezifisches Gewicht wurde für Mauerwerk 2,4 t/m³ und für Auspackung und Schotter 2,2 t/m³ genommen.

Liste 12.
Die Teillasten der Übermauerung, für lotrechte Last.

	1	2	3	4	5	6	7	8	9	10	11	12	13
Übermauerung . . t.	264	191	151	87	91	62	57	71	105	93	161	201	278

Die Fahrbahn ruht in Brückenmitte unmittelbar auf dem Bogen auf, während sie sich gegen den Kämpfer zu mit 4 Sparbögen von 3,90 m Lichtweite und 3 Pfeilern auf den Bogen stützt. Sie ist so geteilt worden, daß jede Pfeilermitte in der Schwerlinie eines jeden Teiles liegt, in Brückenmitte schließt sich die Teilung an die frühere Bogenteilung an. Die so entstandenen 13 Lastteile, welche in der Richtung Langenbrand-Forbach bezeichnet sind, enthält die Liste 12, die durch sie verursachten Spannungen der oberen und unteren Faser der Querschnitte 0—16 enthält die Liste 24 und 25.

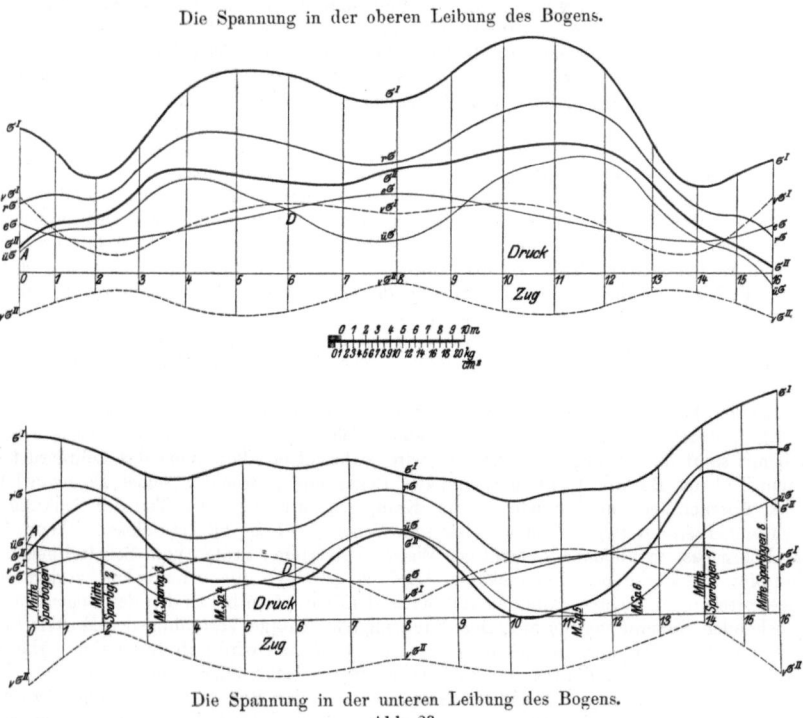

Die Spannung in der oberen Leibung des Bogens.

Die Spannung in der unteren Leibung des Bogens.
Abb. 23.

Wenn man den Ausdruck $\Sigma P \delta$ als statisches Moment der wagerecht gedachten Kräfte P, jede im Abstande des zugehörigen δ von der Achse wirkend, betrachtet und mit dem Polabstande $h = 1$ ein Seilpolygon zeichnet, so kann man nach Abb. 21, das den Querschnitt 5 als Beispiel nimmt, den Wert üσ wie jeden anderen Spannungswert leicht zeichnerisch ermitteln. Das Ergebnis ist jedoch zu ungenau und das Verfahren daher nicht vorteilhaft.

Wenn auch die Linie der üσ 10 Wendepunkte hat, so läßt sich doch eine Regelmäßigkeit erkennen. Den Größtwerten bei Punkt 4 und 12 der oberen Faser entsprechen die Kleinstwerte in der unteren Faser an der gleichen Stelle; bei 6 und 10 erscheinen nochmals relative Größt- und Kleinstwerte. Auf der rechtsuferigen Brückenhälfte ist die Auflast größer und erzeugt in der oberen Faser durchschnittlich höhere Spannungen als in der linken Hälfte. Entsprechend der abnehmenden Bogenquerschnittsfläche wird der Abstand der annähernd gleichlaufenden Linien gegen den Scheitel größer. Der weniger regelmäßige Verlauf von A nach D rührt von den Sparbögen her, von denen jeder einen Wendepunkt verursacht.

Die Spannungen rσ durch die gesamte ruhende Last sind in Liste 24, 25 enthalten und ihre Linien oben gezeichnet. Ihr Größtwert ist 27 kg/cm² und 9 kg/cm² Druck.

8. Die Scheitelsenkung durch die ruhende Last und Berechnung des Elastizitätsmoduls E.
Der spannungs- und gewichtslose Bogen senkt sich um das Maß e d im Scheitel, wenn ihm

sein Eigengewicht aufgelastet wird, und um $rd = ed + \text{üd}$, wenn hierzu noch die Übermauerung kommt. Aus der früher gefundenen Einflußlinie in Liste 11 und Abb. 22 wurde berechnet:

$$E\,rd = 9042{,}50 + 5942{,}95 = +14967{,}45 \text{ t/m}.$$

Der Elastizitätsmodul des Gewölbestoffes, welcher gewöhnlich in kg/cm² ausgedrückt wird, wechselt mit der Stoffart und innerhalb gleichen Stoffes mit der Pressung so, daß er sich mit zunehmender Spannung verkleinert. Die gemittelten Werte für die verschiedenen Steinarten weichen schon voneinander ab und beim Mauerwerk kommt noch der Einfluß des Mörtels hinzu. Ritter gibt für Bruchsteinmauerwerk E = 80 000 kg/cm², Weyrauch fand aus den Wiener Gewölbeversuchen 175 000 kg/cm². Aus der Senkung beim Ausrüsten des Schwädeholzdobelgewölbes der badischen Bahnstrecke Freiburg—Donaueschingen, welches aus Sandsteinquadern und Zementmörtel besteht, wurde E = 70 000 kg/cm² berechnet.

Der Langenbrandner Bogen besteht aus Quadern, welche aus dem sehr guten Granite der Raumünzacher Steinbrüche gearbeitet und in Zementmörtel aus 1 R.T. Zement und 3. R.T. grob und scharfkörnigem Murgsand versetzt wurden. Wenn irgend möglich, wurde der Mörtel in die etwa 2 cm starken Fugen eingestampft, sonst aber dünnflüssig eingegossen. Da der Bogen am 3. XII. 1908 geschlossen und am 8. II. 1909 ausgerüstet worden ist, blieben 67 Tage Erhärtungszeit bis zur vollen Beanspruchung des Mörtels durch die Eigenlast des Gewölbes. Vom Tage des Wölbschlusses bis kurz vor der Ausrüstung wurde eine Scheitelsenkung am Lehrgerüst und Bogen von $a_1 = 3$ mm, während der Ausrüstung eine Bogensenkung von $a_2 = 7$ mm gemessen. Am Tage des Wölbschlusses und der Ausrüstung herrschte gleich kaltes Wetter, so daß ein beträchtlicher Einfluß der Wärme nicht wahrscheinlich ist.

Bevor die beiden Beobachtungen zur Bestimmung eines Wertes E benutzt werden, sei eine Betrachtung über den Bogen angestellt. Wenn der geschlossene eingerüstete Bogen sich mit samt dem Lehrgerüst senkt, so wird während der Bewegung das Lehrgerüst von einem Teil der Bogenlast entlastet und der Bogen einen Bruchteil seines Eigengewichtes selbst übernehmen und unmittelbar den Kämpfern zuführen. Ein Teil der Senkung des noch eingerüsteten Bogens ist als elastische Scheitelsenkung zu betrachten. Wenn dann das Lehrgerüst in üblicher vorsichtiger Weise in mehreren Stufen vom Scheitel gegen die Kämpfer fortschreitend niedergelassen wird, so wachsen die etwa schon vorhandenen Fugenpressungen langsam vom Scheitel bis zu den Kämpfern bis zu den der Bogenlast entsprechenden Spannungen $e\sigma$ an. Der durch ungleichmäßige Verteilung des Mörtels innerhalb einer Fuge bedingte unregelmäßige Spannungszustand wird sich durch eine verhältnismäßig größere Formänderung des Mörtels in einen gleichmäßigen verwandeln; es bedarf eines gewissen Weges und einer gewissen Zeit, bis der Bogen seine Gleichgewichtslage einnimmt; eines größeren Weges, als wenn von vornherein der Mörtel in allen Fugen gleich verteilt wäre. Ein Bruchteil der Formänderung wird also durch nicht rein elastische Arbeiten verursacht. Der beim Ausrüsten entstehende Spannungszuwachs im Bogen verursacht darum eine elastische Scheitelsenkung, welche wahrscheinlich etwas kleiner als die beobachtete ist. Hält man dies mit dem Anfange der Betrachtung zusammen, so ergibt sich, daß die gesamte elastische Scheitelsenkung a durch die Eigenlast des Bogens aus einem kleinen Teil des zwischen Wölbschluß und Ausrüstung beobachteten Weges a_1 und aus dem Hauptteile des während der Ausrüstung gemessenen Weges a_2 sich zusammensetzt.

$$a = \alpha_1\,a_1 + \alpha_2\,a_2.$$

Beiden Umständen wurde Rechnung getragen, indem Wert α_2 etwas zu groß, nämlich = 1, und Wert α_1 etwas zu klein, nämlich = ½, angenommen wurde.

$$a = 0{,}5\,a_1 + a_2 = 1{,}5 + 7 = 8{,}5 \text{ mm},$$

daraus findet sich E:

$$E\,rd = E\,0{,}0085 = +9042{,}50 \text{ t/m}$$

und

$$E = 106\,382 \text{ kg/cm}^2, \text{ rund } 100\,000.$$

Wollte man nur die Senkung während des Ausrüstens zugrunde legen, so würde $E = 129\,178$ kg/cm²; und nimmt man $a = a_1 + a_2 = 10$ mm, so ist $E = 90\,425$ kg/cm².

Die Scheitelsenkung durch die Übermauerung berechnet sich für $E = 100\,000$ zu 5,9 mm und jene durch die gesamte ruhende Last zu 15,0 mm. Die tatsächliche Senkung unter dem Einfluß der gesamten ruhenden Last wurde nicht beachtet, da mittlerweile die Wärme einen bedeutenden Einfluß gewonnen hatte und das Gewölbe mit seiner Übermauerung einem versteiften Bogen ähnlich wirken mußte.

9. Die Verkehrslast. Nach den badischen Vorschriften für die Anordnung und Berechnung eiserner Brücken wurde der Lastenzug in Rechnung gestellt, der in Abb. 24 gezeichnet ist. Bei der großen Stützweite des Trägers kamen vor allem Lokomotiven in Betracht, welche unter Umständen Brust an Brust gestellt wurden. Wegen der Symmetrie des Bogens brauchten die ungünstigsten Beanspruchungen durch die Verkehrslast $v\sigma$ nur für die 9 Querschnitte der linken Hälfte berechnet werden. In dem mittleren Brückenteil überträgt sich die Last unmittelbar durch die Auspackung auf den Bogen; über den Sparbögen wird sie ihm durch Pfeiler zugeführt. Somit verläuft die Einflußlinie jeder Kantenpressung gegen den Kämpfer als Streckenzug A B C D, E F G H (Abb. 21 bei σ_u Seite 36).

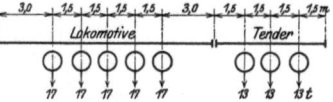

Abb. 24. Schema der Verkehrslast.

An den Punkten 0 und 16 tritt nicht der Wert 0 auf, da der äußerste Kämpfer des letzten Sparbogens außerhalb der Spannweite liegt. In jedem Querschnitte sind 4 Fälle zu beachten, denn jede der beiden äußeren Fasern hat eine größte und eine kleinste Beanspruchung durch die Verkehrslast. Der größte Druck heißt $v\sigma^I$, der größte Zug $v\sigma^{II}$. Es sind somit für jeden Querschnitt 4 verschiedene Laststellungen maßgebend. Das Ergebnis der Untersuchung ist in Liste 24, 25 und auf Abb. 23 S. 39 zusammengestellt. Die Linie des größten Druckes verläuft jener des größten Zuges ähnlich und beide haben beim ersten Pfeiler und im Scheitel Kleinstwerte, weil Zugtrennungen nicht zulässig sind. Die auftretende größte Spannung ist bei Druck 12,05 und bei Zug 9,54 kg/cm².

10. Die Formänderung der Widerlager unter der ruhenden Last. Die Kräfte an den beiden Kämpfern sind:

durch die Übermauerung:

links ü $A = 890$ t, ü $H = +\ 733$ t, ü $M_1 = -\ 283$ tm,
rechts ü $B = 933$ t, ü $H = -\ 733$ t, ü $M_2 = +\ 562$ tm.

durch die Eigenlast des Bogens:

e $A = 810$ t, e $H = +\ 678$ t, e $M_1 = -\ 13$ tm,
e $B = 810$ t, e $H = -\ 678$ t, e $M_2 = +\ 13$ tm.

Durch die ganze ruhende Last:

$A = 1700$ t, $H = +\ 1411$ t, $M_1 = -\ 296$ tm,
$B = 1743$ t, $H = -\ 1411$ t, $M_2 = +\ 575$ tm.

Zunächst wird die Formänderung der beiden Widerlager, deren in Rechnung gestellte Abmessungen Abb. 25 zeigt, mit Hilfe der Gleichungen 15, 16, 17 gesucht. Δl_0, Δh, $\Delta \varphi$ sind die 3 Größen, welche die Lage der Kämpferfugen nach der Formänderung bestimmen.

Linkes Widerlager:

$h_2 = 9{,}00,\ h_1 = 2{,}60,\ b = 5{,}40,\ l_0 = 4{,}50$ m.

Die Normal- und Querkraft im Kämpfer ist:

$P_1 = A \sin \varphi_1 + H \cos \varphi_1 = 2208$ t, $Q_1 = A \cos \varphi_1 - H \sin \varphi_1 = -\ 60$ t, $M_1 = +\ 296$ tm.

Nun sind die 3 Kräfte P, Q, M der Gleichungen 15—17 gegeben, welche die Form des Widerlagers verändern. Den Gleichungen liegen die Kraftrichtungen der Abb. 25 zugrunde.

$$E\,\Delta l_0 = 2208\,\frac{4{,}5}{5{,}4 \cdot 6{,}4}\,l_n\!\left(\frac{9}{2{,}6}\right) = 357\ \text{t/m},\quad E\,\Delta h' = -\ 29{,}1\ \text{t/m}$$

$$E\,\Delta h'' = -\ 145{,}6\ \text{t/m},\quad E\,\Delta \varphi_1 = +\ 31{,}35\ \text{t/m}^2.$$

$$E\,\Delta\,d' = K\,L = K\,M \sin \varphi_1 - M\,K_1 \cos \varphi_1 = 172{,}98\ \text{t/m}$$
$$E\,\Delta\,l' = K^1\,L = K_1\,M \sin \varphi_1 + M\,K \cos \varphi_1 = 357{,}83\ \text{t/m}.$$

Die neue Lage der linken Kämpferfuge entspricht Abb. 25.
Rechtes Widerlager:
$$h_2 = 8{,}00, \; h_1 = 2{,}60, \; b = 5{,}40, \; l_0 = 7{,}50 \text{ m}.$$
Normal-, Querkraft und Moment in der rechten Kämpferfuge sind durch die ruhende Last:
$$P_2 = 2241 \text{ t}, \; Q_2 = -34 \text{ t}, \; M_2 = -575 \text{ tm}.$$
$E \Delta l_0 = 648{,}2, \; E \Delta h' = -29, \; E \Delta h'' = -259, \; E \Delta h = -288 \text{ t/m}, \; E \Delta \varphi_2 = -117{,}4 \text{ t/m}^2$
$E \Delta l'' = O\,N_2 = N\,P \cos \varphi_2 + P\,N_1 \sin \varphi_2 = 626{,}74 \text{ t/m}$
$E \Delta d'' = N\,O = N\,P \sin \varphi_2 - P\,N_1 \cos \varphi_2 = 332{,}11 \text{ t/m}.$

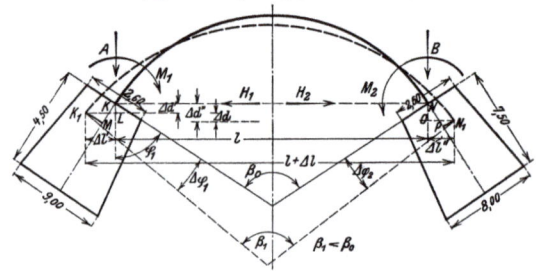

Abb. 25. Veränderung der Kämpferlage bei elastischen Widerlagern.

Die neue Lage der rechten Kämpferfuge entspricht Abb. 25.
Die Änderung der Lagerkräfte ergibt sich aus den nun bekannten Änderungen der Spannweite und der Höhen der Kämpfer.
$$E \Delta l = E \Delta l' + E \Delta l'' = 984{,}57, \quad E \Delta d = E \Delta d'' - E \Delta d' = 159{,}13 \text{ t/m}.$$
Die vorher gleichhohen Kämpfer haben ungleiche Höhenlagen erhalten und ihr lotrechter Höhenunterschied beträgt Δ d.
Nach Gleichung 17 berechnet sich nun
$$\Delta M_0 = +6{,}57 \text{ tm}, \quad \Delta H_0 = +2{,}08 \text{ t}, \quad \Delta G = +0{,}50 \text{ t}.$$
Um diese Beträge ändern sich die Zusatzkräfte des linken Kämpfers, welche im Achsursprung angreifen. Die Änderungen am rechten Kämpfer sind ihnen entgegengesetzt gleich, denn vor wie nach der Deformation herrscht zwischen den äußeren Kräften Gleichgewicht. Die Änderung des linken Kämpfermomentes ist
$$\Delta M_1 = +14{,}87 \text{ tm},$$
jene des rechten Momentes $\quad \Delta M_2 = -45{,}39 \text{ tm}.$

Die Änderung der Kantenpressungen ist durch $\Delta \sigma = -\dfrac{\Delta N}{F} \mp \dfrac{\Delta M}{W}$ gegeben. Es genügt jedoch, die Momentenänderung zu berechnen und die unbedeutende Veränderung der Normalkraft darf vernachlässigt werden.

$$\Delta M = \Delta M_0 - y\,\Delta H_0 + x\,\Delta G = 6{,}57 - 2{,}08\,y + 0{,}50\,x,$$

Linker Kämpfer $\quad \Delta \sigma_0 = -0{,}25, \quad \Delta \sigma_u = +0{,}25 \text{ kg/cm}^2,$
Rechter Kämpfer $\quad \Delta \sigma_0 = -0{,}76, \quad \Delta \sigma_u = +0{,}76 \text{ kg/cm}^2,$
Querschnitt 11 $\quad \Delta \sigma_0 = -0{,}45, \quad \Delta \sigma_u = +0{,}45 \text{ kg/cm}^2.$

D. Die wagrechten Längsbelastungen: Die Bremskraft.

Die Bremskraft hat in der Brückenmitte von der Kämpferlinie den lotrechten Abstand $t = 14{,}845 + 2{,}000 + 2{,}100 = 18{,}945$ m. Obwohl die Fahrbahn mit 1 : 45 steigt, wurde der Mittelwert $t = 18{,}95$ m in die Rechnung eingesetzt. Nach den Vorschriften hat die Bremskraft die Größe $B = 0{,}057 \text{ L} + 0{,}069 \text{ T} = 0{,}97 + 0{,}90$ Tonnen.

1. Die Einflußlinien von M_0, H_0, G und W_1, W_2, W_3. Die Gruppe 18 (S. 13) dient zur Berechnung der Einflußlinien, da der Einfluß der Nebenkräfte gesucht wird, und nicht Gruppe 19.

Die rechnerische Untersuchung des Hauptbogens.

Wie früher werden wieder die Glieder von M, N, Q durch die ganze Rechnung getrennt geführt, so daß ihr Einfluß auf das Ergebnis bestimmt werden kann. Die Nenner N_1, N_2, N_3 haben die früheren Werte:

$N_1 = 22{,}6465$, $t = 18{,}950$, $c = 35{,}284$ m

$N_2 = 337{,}4697$, $\dfrac{t}{l} = 0{,}310$, $l + r - f = 85{,}000$ m

$N_3 = 5576{,}997$, $t - k = 7{,}621$, $\dfrac{t}{2}\displaystyle\int_1^2 \dfrac{ds}{J} = 214{,}5285 \cdot 1/\text{m}^2$

Bei den Integralen kommt kein Wert vor, der nicht schon in der bisherigen Untersuchung ausgerechnet worden wäre, und es bedarf zur Ermittlung der Zählerwerte der Gruppe 18 nur weniger Rechenarbeit. Die Werte M_0, H_0, G wurden nur für die Lastlagen der linken Brückenhälfte gesucht; für jene der rechten Hälfte galten die Gleichungen:

$M_{0,\,l-a} = - M_{0,\,a} + 11{,}3212$, $H_{0,\,l-a} = - H_{0,\,a} - 0{,}99007$, $G_{l-a} = + G_a$.

Als Grenzwerte für die Lastlage an den Kämpfern und in Brückenmitte ergaben sich die Beträge:

$a = 0$, $M_0 = 9{,}4797$, $H_0 = +0{,}0160$, $G = -0{,}3100$,

$a = \dfrac{l}{2}$, $M_0 = 5{,}6611$, $H_0 = -0{,}4950$, $G = -0{,}0432$,

$a = l$, $M_0 = 1{,}8369$, $H_0 = -1{,}0060$, $G = -0{,}3100$.

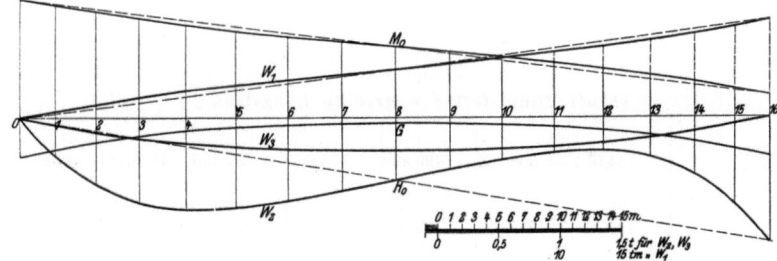

Abb. 26. Die Einflußlinien der zusätzlichen Lagerkräfte M_0, H_0, G und der Grundwerte W_1, W_2, W_3 für wagrechte Längslast.

Die Einflußlinien der M_0, H_0, G und der Grundwerte W_1, W_2, W_3 sind auf Abb. 26 gezeichnet und in den Listen 13, 14, 15 enthalten.

Liste 13.
Einflußlinie M_0, für wagrechte Längslast.

	1	2	3	4	5	6	6	8
$(t-k)\displaystyle\int_1^a \dfrac{ds}{J}$	0	4,9493	11,2998	19,3244	29,2500	41,1718	54,9577	86,
$-\displaystyle\int_1^a y\,\dfrac{ds}{J}$	6,2610	11,6921	15,6519	17,4852	16,6843	13,1141	7,1941	— 0,
$\dfrac{l}{2}\displaystyle\int_1^2 \dfrac{ds}{Fr_2} - (l+r-f)\displaystyle\int_1^a \dfrac{ds}{Fr^2}$	0,1373	— 0,1122	— 0,0884	— 0,0623	— 0,0339	— 0,0036	+ 0,0278	+ 0,
Z_1	— 203,4514	— 191,6488	— 179,6405	— 167,8555	— 156,7063	— 146,4602	— 137,0995	— 128,
M_0 genau	**8,9838**	**8,4626**	**7,9323**	**7,4119**	**6,9197**	**6,4672**	**6,0538**	**5,**
M_0 genähert	8,9800	8,4598	7,9306	7,4113	6,9202	6,4962	6,0572	5,

$\displaystyle\int_0^{\frac{l}{2}} z\,da = -1{,}491.$ $\displaystyle\int_0^{\frac{l}{2}} Z_1\,da = -5107{,}60.$

Liste 14.
Einflußlinie H_0, für wagrechte Längslast.

	1	2	3	4	5	6	7	8
$(t-k)\int_1^a y\,\dfrac{ds}{J}$	— 47,7186	— 8,91056	— 119,2833	— 133,2546	— 127,1508	— 99,9430	— 54,8259	+ 0,6766
$-\int_1^a y^2\,\dfrac{ds}{J}$	— 60,3699	— 96,7619	— 110,6536	— 113,2341	— 113,6444	— 120,6904	— 138,2055	— 163,3624
$+c\left[\dfrac{l}{2}\int_1^2\dfrac{ds}{Fr^2}-(l+r-f)\int_1^a\dfrac{ds}{Fr^2}\right]$	+ 4,7186	+ 3,9605	+ 3,1198	+ 2,1969	+ 1,1972	+ 0,1324	— 0,9801	— 2,1180
$-\int_1^a \sin^2\varphi\,\dfrac{ds}{aF}$	— 0,1919	— 0,3633	— 0,5067	— 0,6168	— 0,6915	— 0,7332	— 0,7491	— 0,7519
Z_2	— 103,5618	— 181,2703	— 227,3238	— 244,9086	— 240,2895	— 221,2342	— 194,7606	— 165,5547
H_0 genau	**— 0,306 88**	**— 0,537 15**	**— 0,673 61**	**— 0,725 72**	**— 0,712 03**	**— 0,655 67**	**— 0,577 12**	**— 0,497 50**
H_0 genähert	— 0,321 29	— 0,547 81	— 0,681 36	— 0,730 40	— 0,713 54	— 0,653 79	— 0,574 64	— 0,500 00

$$\int_0^{l/2} z''\,da = -17{,}027. \qquad \int_0^{l/2} Z_2\,da = -5882{,}80.$$

Liste 15.
Einflußlinie G für wagrechte Längslast.

	1	2	3	4	5	6	7	8
$(t-k)\int_1^a x\,\dfrac{ds}{J}$	— 144,013	— 309,358	— 490,892	— 678,664	— 857,136	— 1006,485	— 1100,130	— 1141,708
$-\int_1^a xy\,\dfrac{ds}{J}$	182,328	323,725	413,303	447,983	435,990	397,318	358,511	342,530
$-\int_1^a \sin\varphi\cos\varphi\,\dfrac{ds}{aF}$	— 0,507	— 1,075	— 1,675	— 2,266	—2,802	— 3,232	— 3,511	— 3,608
Z_3	1401,422	1094,722	823,010	599,967	432,952	321,845	266,728	241,034
G genau	**— 0,251 29**	**— 0,196 29**	**— 0,147 57**	**— 0,107 58**	**— 0,077 63**	**— 0,05 770**	**— 0,047 82**	**— 0,043 22**
G genähert	— 0,251 48	— 0,195 48	— 0,146 87	— 0,106 98	— 0,077 13	— 0,057 28	— 0,047 48	— 0,043 85

$$\int_0^{l/2} Z_3\,da = 21\,279{,}9.$$

Liste 16.
Die Werte M_0, H_0, G der rechten Brückenhälfte, für wagrechte Längslast.

	16	15	14	13	12	11	10	9	8
M_0	1,8416	2,3374	2,8586	3,3889	3,9093	4,4015	4,8540	5,2674	5,6645
H_0	—0,99 807	—0,68 319	—0,45 292	—0,31 646	—0,26 435	—0,27 804	—0,33 440	—0,41 295	—0,49 750
G	—0,31 000	—0,25 129	—0,19 629	—0,14 757	—0,10 758	—0,07 763	—0,05 770	—0,04 782	—0,04 322

2. Der Einfluß der Quer- und Normalkraft auf M_0, H_0, G. In Anlehnung an die frühere Untersuchung für die lotrechte Last wurde der gemittelte Einfluß p_2 der Nebenkraft durch

Vergleich der Einflußflächen bestimmt. In der Gleichung für M_0 ist nur N im Zähler und Nenner vertreten.

$$z_1 = -\frac{1}{r^2}\left[\frac{l}{2}\int_1^2 \frac{ds}{F} - (l + r - f)\int_1^a \frac{ds}{F}\right], \quad \frac{n}{B} = +\,0{,}000\,221.$$

In der Gleichung für H_0 sind N und Q vorhanden.

$$z_2' = +\frac{c}{r^2}\left[\frac{l}{2}\int_1^2 \frac{ds}{F} - (l + r - f)\int_1^a \frac{ds}{F}\right] = -\,c\,z_1, \quad \frac{n'}{B'} = 0{,}018\,837$$

$$z_2'' = -\int_1^a \sin^2\varphi \frac{ds}{\alpha F}, \quad \frac{n''}{B''} = 0{,}013\,532.$$

In der Gleichung für G ist nur Q enthalten.

$$z_3 = -\int_1^a \sin\varphi\cos\varphi\frac{ds}{\alpha F} - \frac{t}{l}\int_1^2 \cos^2\varphi\frac{ds}{\alpha F}, \quad \frac{n}{B} = 0{,}003\,261.$$

Die Fläche der Zählerwerte Z_1, Z_2, Z_3 ist in den Listen 13, 14, 15 ausgerechnet, die Flächen der z_1 in Liste 13, jene der z_2'' in Liste 14. Die Fläche der z_2' ist leicht aus der von z_1 zu finden, denn:

$$\int_0^{\frac{l}{2}} z_2'\,da = -\,c\int_0^{\frac{l}{2}} z_1\cdot da.$$

In Liste 4 ist bereits früher die Fläche der

$$\int_0^{\frac{l}{2}} da \left[\int_1^a \sin\varphi\cos\varphi\frac{ds}{\alpha F}\right] = -\,68{,}919$$

gerechnet worden, und so ist die Fläche:

$$\int_0^{\frac{l}{2}} z_3\,da = -\,68{,}919 - \frac{t}{l}\int_1^2 \cos^2\varphi\frac{ds}{\alpha F}\frac{l}{2} = -\,240{,}458.$$

Mit Benutzung dieser Werte wird der gemittelte Einfluß p_2 der Normalkraft auf M_0 bestimmt:

$$100\,p_2 = 100\left[\frac{-\,1{,}491}{-\,5107{,}60} - 0{,}000\,221\right] = +\,0{,}006\,\%$$

Wesentlich mehr und doch immer noch bescheiden hängt H_0 von der Normalkraft ab.

$$100\,p_2 = 100\left[\frac{1{,}491\cdot 35{,}28}{-\,5882{,}8} - 0{,}018\,837\right] = -\,2{,}779\,\%.$$

Die Querkraft hat etwa die Hälfte dieses Einflusses bei H_0

$$100\,p_2 = 100\left[\frac{-\,17{,}027}{-\,5882{,}8} - 0{,}013\,532\right] = -\,1{,}063\,\%$$

und ist noch um die Hälfte bedeutender bei G.

$$100\,p_2 = 100\left[\frac{-\,240{,}458}{21\,279{,}9} - 0{,}003\,261\right] = -\,1{,}455\,\%.$$

Wenn auch die Querkraft bei der wagerechten Last größeren Einfluß hat als bei der lotrechten, so bleibt er rechnerisch doch ohne Bedeutung. Die Normalkraft macht sich wie dort nur bei H_0 mit etwa 3 % bemerkbar. Als Ergebnis zeigt sich dieses Bild

$$M_0 = +\frac{t}{2} - \frac{(t-k)\int_1^a \frac{ds}{J} - \int_1^a y\frac{ds}{J}}{2\int_1^e \frac{ds}{J}} = +\frac{t}{2} - W_1 \text{ ist um } 0{,}06\,\%\text{ zu klein.}$$

$$H_0 = \frac{(t-k)\int_1^a y\frac{ds}{J} - \int_1^a y^2\frac{ds}{J}}{2\int_1^e y^2\frac{ds}{J}} = +W_2 \text{ ist um } 3{,}8\,\%\text{ zu groß.}$$

$$G = -\frac{t}{l} + \frac{(t-k)\int_1^a x\frac{ds}{J} - \int_1^a xy\frac{ds}{J}}{2\int_1^e x^2\frac{ds}{J}} = =\frac{t}{l} + W_3 \text{ ist um } 1{,}5\,\%\text{ zu groß.}$$

Den Hauptbeitrag zu diesen Fehlern liefern die für alle Lastlagen gleichen Nenner. Vernachlässigt man daher die Nebenkräfte und behält nur den genauen Nennerwert von H_0 bzw. W_2 bei, so ergibt sich die für die Rechnung geeignete Gleichungsgruppe:

$$W_1 = \frac{(t-k)\int_1^a \frac{ds}{J} - \int_1^a y\frac{ds}{J}}{2\int_1^e \frac{ds}{J}}, \quad M_0 \text{ ist um } 0{,}06\,\%\text{ zu klein.}$$

$$W_2 = \frac{(t-k)\int_1^a y\frac{ds}{J} - \int_1^a y^2\frac{ds}{J}}{2\int_1^e y^2\frac{ds}{J} + c^2\int_1^e \frac{ds}{Fr^2}}, \quad H_0 \text{ ist um } 1{,}9\,\%\text{ zu groß.}$$

$$W_3 = \frac{(t-k)\int_1^a x\frac{ds}{J} - \int_1^a xy\frac{ds}{J}}{2\int_1^e x^2\frac{ds}{J}}, \quad G \text{ ist um } 1{,}5\,\%\text{ zu groß.}$$

3. Die Kämpferdruckschnitt- und Umhüllungslinien. Die Linien sind für die Anwendung ohne Wert, weil hier insbesondere die Verkehrslast mit ihren Lastscheiden schon durch die 1. Untersuchung für lotrechte Last festgelegt ist, und bieten nur mathematisches Interesse. Für ihre Berechnung wurden die genäherten Werte M_0, H_0, G nach Gleichung 19 in Liste 13, 14, 15 benutzt.

$$M_1 = M_0 + 11{,}329\, H_0 - 30{,}532\, G, \quad A = 0{,}31 + G, \quad H_1 = 1 + H_0.$$

In Liste 17 wurde der Wert $\dfrac{M_1}{A}$ und $t\,\dfrac{H_1}{A}$ für alle 16 Lastlagen gebildet und dabei berücksichtigt, daß nun $M_{1,\,l-a} = M_{1,\,a} - G_a\, l$.

$$H_{l-a} = 1 - H_a \text{ und } A_{l-a} = A_a, \text{ also auch } t\,\frac{H_{l-a}}{A_{l-a}} = \frac{t}{A_a} - t\,\frac{H_a}{A_a}.$$

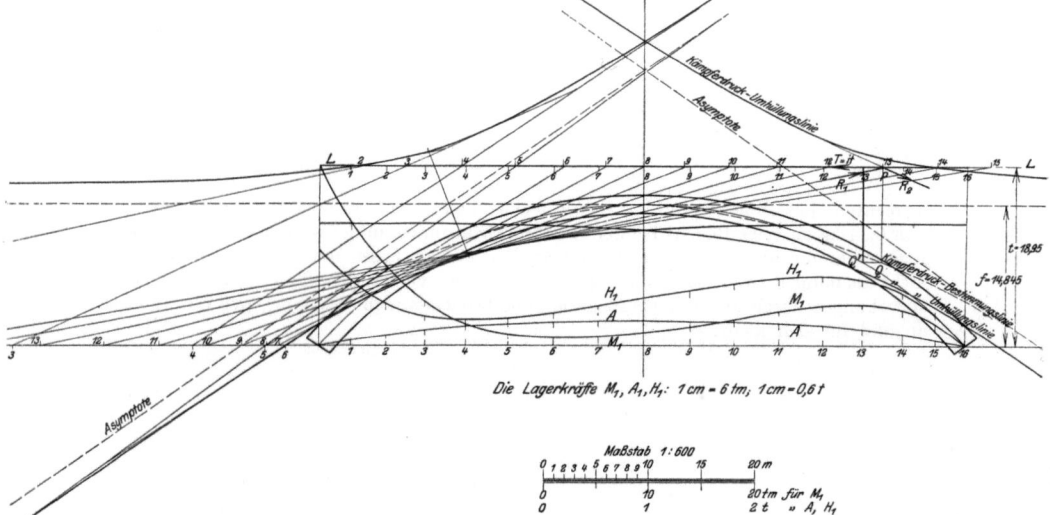

Abb. 27. Die Einflußlinien der Kräfte M_1, A, H_1 am linken Kämpfer für wagrechte Längslast und die Kämpferdruck-Schnitt- und Umhüllungslinien.

Die Umhüllungslinien des linken Kämpfers bestehen aus 2 hyperbelähnlichen Ästen, welche als eine Asymptote eine Parallele zur Kämpferlinie haben. Die Kämpferdrücke der Lastlagen 0—5 berühren an dem nach oben gerichteten Ast, alle anderen von 8—16 an den innerhalb des Kreisbogens gelegenen. (Abb. 27) Kämpferdruckschnittlinie ist die Angriffslinie der Kraft. Das gleiche Bild enthält die Einflußlinien der linken Kämpferkräfte M_1, A, H_1.

Die Schnittpunkte P, P' der zu symmetrischen Lastlagen gehörigen Kämpferdrücke liegen symmetrisch zur Brückenmitte. Der Schnittpunkt P fällt im allgemeinen nicht mit der Lastlage a zusammen. Um ihn zu finden, ist eine weitere Linie nötig. In der Lastlage a zieht man die Senkrechte bis zur Bogenachse und durch den Schnittpunkt Q' eine Wagerechte bis zu dieser Linie und legt durch diesen neuen Schnitt Q eine Lotrechte bis zur Angriffslinie L, L. Von dem so erhaltenen Punkte P zieht man die Tangenten an die Umhüllungslinie eines jeden Kämpfers, welche in Lage und Richtung mit den gesuchten Kämpferdrücken zusammenfallen.

4. Die Einflußlinien der Kantenpressung. Nach dem nun schon gewonnenen Überblick sind die beiden gefährdeten Stellen im Bogen der Querschnitt 11 und der rechtsufrige Kämpfer. Für sie beide wurden die Einflußlinien bestimmt (Abb. 28). Wenn die Kräfte in der Richtung Forbach-Langenbrand wirken, hat die obere Faser des rechten Kämpfers stets Zug und die untere stets Druck. Die Absolutgrößen sind im Vergleich zu jenen der

Liste 17.
Die Kämpferkräfte mit Schnitt- und Umhüllungslinien, für wagrechte Längslast.

	M_1	A	H_1	$\dfrac{M_1}{A}$	$t\,\dfrac{H_1}{A}$
0	18,9500	0	1	∞	∞
1	12,9957	0,05 952	0,67 971	218,30	216,417
2	8,2199	0,11 452	0,45 219	71,79	74,839
3	4,6937	0,16 313	0,31 864	28,78	37,021
4	2,4015	0,20 302	0,26 960	11,83	25,167
5	1,1902	0,23 287	0,28 646	5,11	23,313
6	0,8098	0,25 272	0,34 621	3,25	25,960
7	0,9952	0,26 255	0,42 536	3,79	30,697
8	1,3384	0,26 615	0,50 000	5,03	35,601
9	1,9012	0,26 255	0,57 464	7,24	41,463
10	2,6166	0,25 272	0,65 379	10,63	49,030
11	3,5178	0,23 287	0,71 354	15,10	58,052
12	4,1297	0,20 302	0,73 040	20,34	68,173
13	4,2731	0,16 313	0,68 136	26,20	79,166
14	3,7135	0,11 452	0,54 781	32,43	90,683
15	2,2937	0,05 952	0,32 029	38,54	101,964
16	0	0	0	—	—

lotrechten Lasteinheit groß. Die lotrechte Lasteinheit erzeugt die größte Spannung von 0,14 kg/cm² des Bogens bei der Lage in Brückenmitte in der oberen Faser der Scheitelfuge, während die wagrechte Einheit in der oberen Faser des rechten Kämpfers eine mehr als doppelt so große Spannung von 0,31 kg/cm² verursacht. Trotzdem sind die Beanspruchungen durch die Bremskraft gering und erreichen nicht 1 kg/cm², weil die Bremslast an und für sich klein ist.

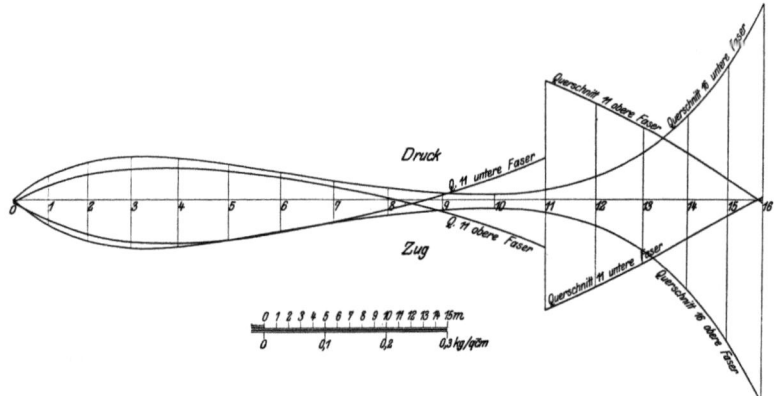

Abb. 28. Die Einflußlinien der Normalspannungen in den Querschnitten 11 und 16 für wagrechte Längslast.

5. Die Beanspruchungen in Querschnitt 11 und 16. Der Lastenzug wurde bei Querschnitt 11 und 16 gerade so gestellt wie früher bei der Ermittlung der Spannung $v\sigma$ durch die lotrechten Lasten. Zwischen den Sparbogenpfeilern wurde ein geradliniger Verlauf der Einflußlinie angenommen. Außerhalb der beiden äußersten Pfeiler müssen sie wagrechte Gerade sein, weil die Bremskraft sich durch eben diese Pfeiler auf den Bogen überträgt. Wegen der Temperaturfugen in den beiden äußeren Sparbogen kann sie nicht unmittelbar auf die beiden Kämpfer wirken. In Wirklichkeit wird wohl die gesamte Bremskraft im Bogenscheitel durch die Übermauerung dem Gewölbe zugeführt, da die Pfeiler sie kaum durch ihre Biegungsfestigkeit nach unten ableiten können.

Querschnitt: 11 16
$\sigma_0 = -0{,}260$, $\sigma_0 = +0{,}979$ kg/cm².

E. Die wagrechten Querbelastungen: Der Wind.

Die Bahn liegt auf der ganzen Brücke in der Geraden, so daß Fliehkräfte als wagrechte Querlast nicht auftreten. Die einzige Kraft, welche das Gewölbe senkrecht zur Trägerebene beansprucht, ist der Wind. Bei der ungünstigen Beanspruchung $_v\sigma^I$, $_v\sigma^{II}$ durch die Verkehrslast ist die Brücke durch einen Lokomotivzug in bestimmter Stellung belastet, und die gleiche Stellung gilt für die Ermittlung der Spannungen durch Bremslast und Wind in dem gleichen Querschnitt. Nach den Bad. Vorschriften für die Berechnung eiserner Brücken ist eine Last von 0,1 t für 1 qm getroffene Windfläche anzunehmen, wenn der Verkehr noch aufrecht erhalten wird. Die Stirnfläche der Brücke hat 346 qm und empfängt einen Winddruck von 34,6 t. Abweichend von den tasächlichen Verhältnissen wird zur Vereinfachung der Rechnung angenommen, daß sich die Last auf die ganze Spannweite gleichmäßig verteilt und somit auf 1 m Brücke $p = 0{,}57$ t entfällt. Auf 1 m des Lokomotivzuges entfällt der Winddruck $p' = 0{,}27$ t. Die Annahme ergibt etwas zu ungünstige Zahlen.

a) Die genaue Rechnung.

1. Die Lage des Achsursprungs. Nach Seite 16 nimmt man ein Hilfskreuz an, das als Y'-Achse die Symmetrieachse des Bogens hat und dessen wagerechte X'-Achse in der Trägerebene liegt und durch den Kreismittelpunkt geht. Der gesuchte Abstand des richtigen Achsenkreuzes X, Y liegt um c über dem Mittelpunkt und wird aus Gleichung 23 Seite 17 gefunden:

$$\int_1^2 y' \frac{ds}{J} = 2 \cdot 476{,}813, \quad \int_1^2 \frac{ds}{J} = 2 \cdot 13{,}5321, \quad \int_1^2 \sin^2\varphi \frac{ds}{J_3} = 2 \cdot 1{,}8463,$$

$$c = \frac{476{,}813}{13{,}5321 - 1{,}8463} = 40{,}803 \text{ m}.$$

Der Ursprung liegt außerhalb der Kreisfläche und 2,003 m über dem Bogenscheitel,
$$k = c - (r - f) = 16{,}848, \quad k - f = 2{,}003 \text{ m}.$$

Liste 18. Grundlage der Rechnung für wagerechte Querlast.
Die Größen gehören zu den Teilmitten.

	y	$\frac{\Delta s}{J_2}$	$\frac{\Delta s}{J_3}$	$\frac{\Delta s}{J_2} + \frac{\Delta s}{J_3} = \frac{\Delta s}{J}$
1'	−15,161	0,154 91	0,649 43	0,804 34
2'	−12,036	0,187 97	0,833 29	1,021 26
3'	− 9,280	0,224 92	1,052 95	1,277 87
4'	− 6,927	0,264 09	1,302 41	1,566 50
5'	− 5,007	0,302 73	1,564 33	1,867 06
6'	− 3,546	0,336 94	1,808 94	2,145 88
7'	− 2,561	0,362 92	2,000 97	2,363 89
8'	− 2,065	0,376 97	2,108 41	2,485 38

Die Einzelwerte der neuen y, $\frac{ds}{J_2}$, $\frac{ds}{J_3}$, $\frac{ds}{J}$ sind in Liste 18 enthalten und dürfen nicht mit denen der Untersuchung für lotrechte Last verwechselt werden. Die Winkelfunktionen sind jedoch die früheren.

2. Die Einflußlinien W_1, W_2, W_3. Um die Rechnung tunlichst zu vereinfachen wird angenommen, daß die über die Sichtfläche der Brücke gleichmäßig verteilte Windlast in einer Parallelen zur Kämpferlinie angreift, welche durch den Bogenscheitel geht. Die Abweichung von der Wirklichkeit ist nicht groß und wird das Rechenergebnis nicht wesentlich beeinflussen.
$$t = f = 14{,}845, \quad k - t = 2 \text{ m}.$$

Die 3 Nenner der Gruppe 25 Seite 19 werden aus Liste 18 gerechnet.

$$N_1 = \int_1^2 \sin^2\varphi \frac{ds}{J_3} - \int_1^2 \frac{ds}{J} = 2 \cdot (1{,}8463 - 13{,}5321) = -23{,}3716$$

$$N_2 = \int_1^2 \cos^2\varphi \frac{ds}{J_3} - \int_1^2 \frac{ds}{J} = 2 \cdot (9{,}4743 - 13{,}5321) = -8{,}1156$$

$$N_3 = \int_1^2 (x \cos\varphi + y \sin\varphi)^2 \frac{ds}{J_3} - \int_1^2 (x^2 + y^2) \frac{ds}{J} - 3{,}2 \int_1^2 \frac{ds}{F} = 2 \cdot (3074{,}18 - 3990{,}46 - 12{,}05)$$
$$= -1{,}656{,}6$$

Vor Ausrechnung der Einflußlinien wird nachgeprüft, ob die Lage des Achsursprunges nun der Gleichung genügt:

$$-\int_1^{\frac{l}{2}} y \frac{ds}{J} + \int_1^{\frac{l}{2}} y \sin^2\varphi \frac{ds}{J_3} + \int_1^{\frac{l}{2}} x \sin\varphi \cos\varphi \frac{ds}{J_3} = 0 \quad \text{(Seite 16)}$$
$$+ 75{,}335 - 17{,}351 - 57{,}976 = -0{,}002 \,.$$

Die Bedingung wird somit gut erfüllt.

Die Grundlagen für die Einflußlinienberechnung sind in der Liste 18 gegeben, während die eigentliche Ausrechnung und das Ergebnis in den Listen 19, 20, 21 enthalten ist. Liste 22 gibt die Werte für W_1, W_2, W_3 bei den Lastlagen auf der rechten Trägerhälfte. Auf Abb. 29 sind die 3 Einflußlinien gezeichnet. Der Verlauf von W_2 und W_3 ähnelt jenem der Einflußlinien von W_1 und W_3 der lotrechten Last auf Abb. 19.

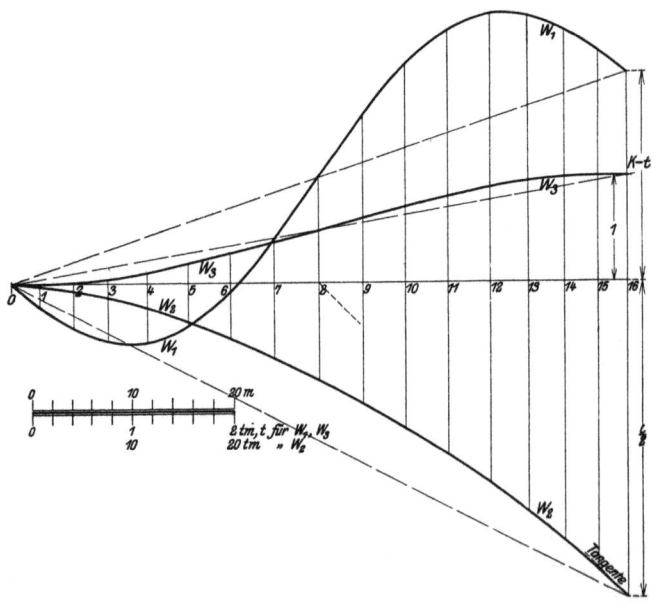

Abb. 29. Die Einflußlinien der Grundwerte W_1, W_2, W_3 für wagrechte Querlast.

Die rechnerische Untersuchung des Hauptbogens.

Liste 19.
Einflußlinie W_1, für wagrechte Querlast.

	1	2	3	4	5	6	7	8
$\left(\dfrac{l}{2}-a\right)\int_1^a \sin\varphi\cos\varphi\,\dfrac{ds}{J_3}$	8,897	17,952	25,703	30,376	29,634	24,656	13,867	0
$(k-t)\int_1^a \sin^2\varphi\,\dfrac{ds}{J_3}$	0,731	1,482	2,198	2,817	3,283	3,565	3,679	3,693
$\int_1^a y\sin^2\varphi\,\dfrac{ds}{J_3}$	−5,546	−10,065	−13,385	−15,530	−16,696	−17,196	−17,342	−17,356
$\int_1^a x\sin\varphi\cos\varphi\,\dfrac{ds}{J_3}$	−9,379	−20,174	−31,457	−41,945	−50,281	−55,534	−57,718	−57,976
$-(k-t)\int_1^a \dfrac{ds}{J}$	−1,609	−3,651	−6,207	−9,340	−13,074	−17,366	−22,093	−27,064
$-\int_1^a y\,\dfrac{ds}{J}$	12,195	24,482	36,341	47,192	56,540	64,149	70,203	75,335
Z_1	5,289	10,029	13,195	13,572	9,408	2,276	−9,402	−23,368
W_1	−0,2263	−0,4291	−0,5517	−0,5807	−0,4025	−0,0974	+0,4023	+1,0000

Liste 20.
Einflußlinie W_2, für wagrechte Querlast.

	1	2	3	4	5	6	7	8
$\left(\dfrac{l}{2}-a\right)\int_1^a \cos^2\varphi\,\dfrac{ds}{J_3}$	7,834	18,075	29,887	41,232	48,599	47,272	32,306	0
$(k-t)\int_1^a \sin\varphi\cos\varphi\,\dfrac{ds}{J_3}$	0,644	1,473	2,471	3,580	4,693	5,663	6,330	6,568
$\int_1^a x\cos^2\varphi\,\dfrac{ds}{J_3}$	−8,259	−20,185	−35,908	−54,689	−74,621	−92,688	−105,430	−110,041
$-\left(\dfrac{l}{2}-a\right)\int_1^a \dfrac{ds}{J}$	−22,218	−44,488	−64,560	−79,254	−84,472	−75,607	−48,404	0
$-\int_1^a x\,\dfrac{ds}{J}$	23,422	50,012	78,920	108,553	136,504	159,751	175,248	180,702
Z_2	1,423	4,887	10,810	19,422	30,703	44,391	60,050	77,229
W_2	−0,1750	−0,6022	−1,3321	−2,3930	−3,7832	−5,4700	−7,3994	−9,5162

Liste 21.
Einflußlinie W_3, für wagrechte Querlast.

	1	2	3	4	5	6	7	8
$\int_1^a x\cos^2\varphi\,\dfrac{ds}{J_3}$	−8,26	−20,19	−35,91	−54,69	−74,62	−92,69	−105,43	−110,04
$\int_1^a y\sin\varphi\cos\varphi\,\dfrac{ds}{J_3}$	−4,88	−9,87	−14,50	−18,34	−21,13	−22,85	−23,70	−23,95

	1	2	3	4	5	6	7	8
$\left(\dfrac{l}{2}-a\right)\left[\int_1^a x\cos^2\varphi \dfrac{ds}{J_3} + \int_1^a y\sin\varphi\cos\varphi \dfrac{ds}{J_3}\right]$	$-362{,}98$	$-732{,}37$	$-1048{,}60$	$-1239{,}34$	$-1237{,}26$	$-1006{,}09$	$-565{,}82$	0
$(k-t)\left[\int_1^a x\sin\varphi\cos\varphi \dfrac{ds}{J_3} + \int_1^a y\sin^2\varphi \dfrac{ds}{J_3}\right]$	$-29{,}85$	$-60{,}47$	$-89{,}68$	$-114{,}95$	$-133{,}95$	$-145{,}46$	$-150{,}12$	$-150{,}67$
$\int_1^a (x\cos\varphi + y\sin\varphi)^2 \dfrac{ds}{J_3}$	$608{,}96$	$1233{,}56$	$1829{,}48$	$2345{,}48$	$2733{,}09$	$2967{,}85$	$3062{,}95$	$3074{,}18$
$-\left(\dfrac{l}{2}-a\right)\int_1^a x\dfrac{ds}{J}$	$646{,}99$	$1218{,}74$	$1641{,}77$	$1842{,}17$	$1763{,}84$	$1391{,}04$	$767{,}90$	0
$-(k-t)\int_1^a y\dfrac{ds}{J}$	$24{,}39$	$48{,}96$	$72{,}68$	$94{,}38$	$113{,}08$	$128{,}30$	$140{,}41$	$150{,}67$
$-\int_1^a (x^2+y^2)\dfrac{ds}{J}$	$-866{,}92$	$-1707{,}06$	$-2471{,}08$	$-3106{,}82$	$-3572{,}05$	$-3850{,}80$	$-3967{,}89$	$-3990{,}46$
$-3{,}2\int_1^a \dfrac{ds}{F}$	$-1{,}09$	$-2{,}30$	$-3{,}66$	$-5{,}13$	$-6{,}78$	$-8{,}44$	$-10{,}21$	$-12{,}05$
Z_3	$+19{,}50$	$-0{,}94$	$-69{,}09$	$-184{,}21$	$-340{,}03$	$-523{,}60$	$-722{,}78$	$-928{,}33$
W_3	$-0{,}0105$	$+0{,}0005$	$+0{,}0372$	$+0{,}0992$	$+0{,}1831$	$+0{,}2820$	$+0{,}3893$	$+0{,}5000$

Liste 22.
Die Werte W_1, W_2, W_3 der rechten Brückenhälfte, für wagrechte Querlast.

	16	15	14	13	12	11	10	9	8
W_1	2	$2{,}2263$	$2{,}4291$	$2{,}5517$	$2{,}5807$	$2{,}4025$	$2{,}0974$	$1{,}5977$	1
W_2	$-30{,}523$	$-27{,}7973$	$-24{,}9706$	$-22{,}1348$	$-19{,}3638$	$-16{,}7051$	$-14{,}1775$	$-11{,}7812$	$-9{,}5162$
W_3	1	$1{,}0105$	$0{,}9995$	$0{,}9628$	$0{,}9008$	$0{,}8169$	$0{,}7180$	$0{,}6107$	$0{,}5000$

Von allen Gliedern, welche in der Rechnung enthalten sind, kann höchstens das Glied mit $\dfrac{ds}{F}$ als Faktor bei W_3 vernachlässigt werden.

Die Kräfte am linken Lager sind durch Gruppe 27 Seite 20 gegeben, wenn man darin $x = -\dfrac{l}{2}$ und $y = -k$ setzt.

$$K_3 = -W_3 + 1$$

$$M_1 = -W_1 \cos\varphi_1 + W_2 \sin\varphi_1 + W_3\left(-\dfrac{l}{2}\sin\varphi_1 + k\cos\varphi_1\right) + a\sin\varphi_1 - t\cos\varphi_1$$

$$M_2 = +W_1 \sin\varphi_1 + W_2 \cos\varphi_1 + W_3\left(-\dfrac{l}{2}\cos\varphi_1 - k\sin\varphi_1\right) + a\cos\varphi_1 + t\sin\varphi_1.$$

3. Die Einflußlinien der Randspannungen. Für die gefährdeten Querschnitte des rechten Kämpfers und der Fuge 11 bzw. für die dazu symmetrischen Querschnitte 0 und 5 wurden die Einflußlinien der größten Normalspannung ν, der durch M_1 erzeugten Schubspannung τ und der durch K_3 und M_1 erzeugten Spannungen τ_1', τ_2' berechnet.

$$\nu = \mp 6\dfrac{M_2}{b^2 h}, \quad \tau = \mp 4{,}5\dfrac{M_1}{b^2 h}, \quad \tau_1' = -4{,}5\dfrac{M_1}{b h^2} + 1{,}5\dfrac{K_3}{b h},$$

$$\tau_2' = +4{,}5\dfrac{M_1}{b h^2} + 1{,}5\dfrac{K_3}{b h}. \quad \text{(Gr. 29, S. 21)}$$

Die rechnerische Untersuchung des Hauptbogens.

Die Querschnittskräfte M_1, M_2, K_3 sind in Gruppe 27 Seite 20 als Abhängige von den Grundwerten W_1, W_2, W_3 gegeben:

Querschnitt 0.

$$b = 5{,}250, \quad h = 2{,}600 \text{ m}, \quad \frac{1{,}5}{F} = 0{,}11, \quad \frac{4{,}5}{b^2 h} = 0{,}0628, \quad \frac{4{,}5}{b h^2} = 0{,}128$$

$$(k - t + y) \cos \varphi = -t \cos \varphi_1 = -9{,}168, \quad x \cos \varphi + y \sin \varphi = -32{,}09$$
$$(k - t + y) \sin \varphi = -t \sin \varphi_1 = -11{,}681, \quad x \sin \varphi - y \cos \varphi = -13{,}61$$
$$\left(\frac{l}{2} + x\right) \cos \varphi = 0, \quad \left(\frac{l}{2} + x\right) \sin \varphi = 0.$$

Die Einflußlinien sind auf Abb. 30 gezeichnet. Die Normalspannungen von der wagerechten Lasteinheit bei der Lage in Brückenmitte sind 1,4 mal größer als jene der lotrechten Lasteinheit in gleicher Stellung und in der oberen Faser des gleichen Querschnittes.

Querschnitt 5.

$$b = 4{,}408, \quad h = 1{,}913, \quad \frac{1{,}5}{F} = 0{,}177, \quad \frac{4{,}5}{b^2 h} = 0{,}121, \quad \frac{4{,}5}{b h^2} = 0{,}280$$

$$(k - t + y) \cos \varphi = -2{,}091, \quad x \cos \varphi + y \sin \varphi = -13{,}589$$
$$(k - t + y) \sin \varphi = -0{,}739, \quad x \sin \varphi - y \cos \varphi = -0{,}326$$
$$\left(\frac{l}{2} + x\right) \cos \varphi = 16{,}596, \quad \left(\frac{l}{2} + x\right) \sin \varphi = 5{,}862.$$

Querschnitt 0.

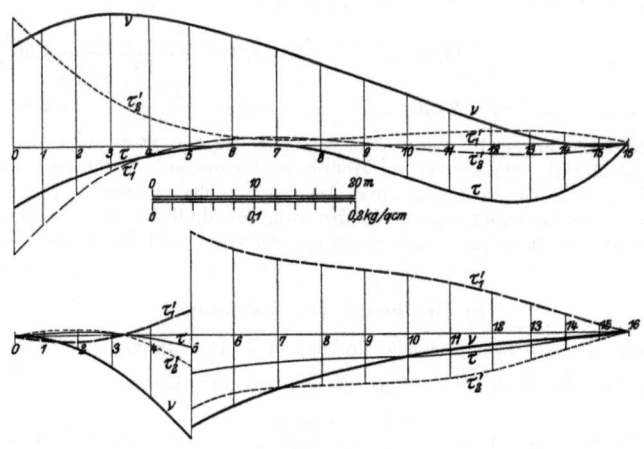

Querschnitt 5.

Abb. 30. Die Einflußlinien der Normal- und Tangentialspannungen für wagrechte Querlast.

Jede Einflußlinie macht im Querschnitt einen Sprung, hat aber sonst einen steten Verlauf.

4. Die Spannungen der Querschnitte 11 und 16 bzw. 0 und 5.

Querschnitt 0 (16). Der ganze Inhalt der Einflußlinie der Normalspannung v ist 43,6 t/m². Da der Winddruck auf einen Laufmeter Brücke 0,57 t beträgt, so entsteht durch den Wind auf das Bauwerk im Querschnitt eine größte Normalspannung von $\dfrac{43{,}6 \cdot 0{,}57}{10} = 2{,}49$ kg/cm² in der vorderen und hinteren Faser. Dazu kommt noch die Wirkung des Windes auf die Fahrzeuge, welche seinerzeit bei der Ermittlung von $_v \sigma^{II}$ die Strecke vom Kämpfer bis 22 m rechts davon einnahmen. Die hierdurch erzeugte

Spannung ist $_v\nu = 0{,}27 \cdot 2{,}48 = 0{,}64$ kg/cm² somit ist die gesamte Normalspannung durch Wind $2{,}49 + 0{,}64 = 3{,}13$ kg/cm² $= \nu = {}_e\nu + {}_v\nu$.

Bei der Ermittlung der Schubspannungen kann angenommen werden, daß der Verkehr eingestellt ist, und der Wind eine Stärke von 0,2 t auf 1 qm Fläche erreicht hat, so daß auf 1 m Brücke eine wagrechte Last von 1,14 t kommt. Die Annahme ist zulässig, da die Schubspannung nicht in Verbindung mit jener durch wagrechte Längslast oder lotrechte Last gebracht wird.

Inhalt der Fläche τ 14,8 t/m², Schubspannung $\tau = \dfrac{14{,}8 \cdot 1{,}14}{10} = 1{,}69$ kg/cm²

„ „ „ τ_1' 15,1 „   „ $\tau_1' = \dfrac{15{,}1 \cdot 1{,}14}{10} = 1{,}72$ „

„ „ „ τ_2' 7,3 „   „ $\tau_2' = \dfrac{7{,}3 \cdot 1{,}14}{10} = 0{,}83$ „

Querschnitt 5 (11). Der Inhalt der gesamten ν-Linie beträgt 18,48 t/m². Es entsteht also durch den Wind auf das Bauwerk die Normalspannung ${}_e\nu = \dfrac{18{,}48 \cdot 0{,}57}{10} = 1{,}05$ kg/cm²

Der Wind auf die Fahrzeuge, welche wie bei ${}_v\sigma^I$ auf der Strecke vom Kämpfer bis 27 m rechts davon stehen, erhöht die Spannung um $1{,}24 \cdot 0{,}27 = 0{,}32$ kg/cm² $= {}_v\nu$.

Im ganzen entsteht in den zwei senkrechten äußeren Fasern des Querschnittes durch den Wind auf Brücke und Verkehrslast eine Normalspannung von $1{,}05 + 0{,}32 = 1{,}37$ kg/cm². Für den Schub wird wieder Verkehrsstille und ein Wind von 0,2 t auf den Quadratmeter angenommen.

Inhalt der Fläche τ 8,28 t/m², Spannung $\tau = \dfrac{8{,}28 \cdot 1{,}14}{10} = 0{,}94$ kg/cm²

„ „ „ τ_1' 17,16 „   „ $\tau_1' = \dfrac{1{,}716 \cdot 1{,}14}{10} = 1{,}96$ „

„ „ „ τ_2'' 23,40 „   „ $\tau_2' = \dfrac{23{,}40 \cdot 1{,}14}{10} = 2{,}67$ „

Die Schubspannungen in beiden Querschnitten bleiben weit unter der Festigkeit von Stein und Mörtel. Sie werden am größten in der oberen oder unteren wagerechten Faser, während die Normalspannung ihren Größtwert in der vorderen und hinteren Stirnkante erreicht. Es ist daher überflüssig, bei Brücken ähnlicher Breitenverhältnisse die Schubspannungen zu berechnen, und es genügt vollständig die Ermittlung der Einflußlinie für ν.

b) Die genäherte Rechnung.

Nach Seite 21 wird das räumliche Problem in 2 ebene zerlegt, von denen das erste beim Wind auf das Bauwerk mit einer gleichförmig verteilten Last von $p_1 = \dfrac{\Sigma W}{l} = \dfrac{34{,}6}{61{,}045} = 0{,}57$ t und das zweite mit $p_2 = \dfrac{\Sigma W}{2f} = \dfrac{34{,}6}{2 \cdot 14{,}845} = 1{,}16$ t rechnet. Durch den Wind auf die Verkehrslast ändern sich diese Zahlen in $2{,}7 \cdot 0{,}1 = 0{,}27$ t und

$$\dfrac{0{,}27 \cdot l}{2f} = \dfrac{0{,}27 \cdot 61{,}045}{29{,}690} = 0{,}56 \text{ t},$$

da die Fahrzeuge nach Annahme der bad. Vorschriften dem Winde auf 1 m Länge 2,7 qm Fläche darbieten. Als Spannweite ist nun die Länge der Bogenachse mit 70,26 m beim ersten Problem einzuführen.

1. Der Wind auf der Brücke. Querschnitt 0. Das Einspannungsmoment am Kämpfer ist $M_1' = p_1 \dfrac{l^2}{12} = \dfrac{0{,}57 \cdot 70{,}26^2}{12} = 235$ tm. Das Widerstandsmoment um die senkrechte Schwerachse ist 12,41 m³. Somit ist die Windspannung im ersten Kräfteplane $\nu_1 = \dfrac{M_1'}{12{,}41} = 1{,}89$ kg/cm². Im zweiten Kräfteplane ist $M''_1 = p_2 \dfrac{f^2}{2} = \dfrac{1{,}16 \cdot 14{,}85^2}{2}$

$= 128$ tm, $v_2 = \dfrac{M''_1}{12,41} = 1,03$ kg/cm². Beide Pläne zusammen geben die Spannung, welche durch den Wind auf die Brückenfläche verursacht wird.

$$v = v_1 + v_2 = 1,89 + 1,03 = 2,92 \text{ kg/cm}^2.$$

Querschnitt 5. Für diesen Querschnitt ist $a = \dfrac{70,26 \cdot 17,63}{61,045} = 1,15 \cdot 17,63 = 20,22$ m und $a' = 12,63$ m. Im ersten Kräfteplane ist nach Gleichung 30 Seite 21

$$M' = \frac{0,57}{12}[6 \cdot 20,22\,(70,26 - 20,22) - 70,26^2] = 54,7 \text{ tm}.$$

Das erzeugt eine Spannung von $v_1 = \dfrac{54,7}{6,44} = 0,85$ kg/cm², weil das Widerstandsmoment 6,44 m³ hat. Im zweiten Plane hingegen ist

$$M'' = \frac{1,16}{2}(14,85 - 12,63)^2 = 2,85 \text{ tm}.$$

Die Spannung ist $v_2 = \dfrac{2,85}{6,44 \cdot 10} = 0,04$ kg/cm². Damit findet sich die eigentliche Spannung durch den Wind auf die Brücke zu

$$v = v_1 + v_2 = 0,85 + 0,04 = 0,89 \text{ kg/cm}^2.$$

2. Der Wind auf die Verkehrslast. Querschnitt 0. Die Last bedeckt eigentlich die Strecke vom Kämpfer bis 22 m rechts davon, aber das Maß vergrößert sich infolge des Ausstreckens des Bogens nach Seite 21 zu

$$s = \frac{70,26}{61,05} 22 = 25,4 \text{ m},\quad \frac{s}{l} = \frac{25,4}{70,26} = 0,36.$$

Im ersten Kräfteplane ist nach Gleichung 31 das Moment:

$$M' = \frac{0,27 \cdot 25,4^2}{12}[6 - 8 \cdot 0,36 + 3 \cdot 0,36^2] = 50,9 \text{ tm}.$$

Die Spannung ist

$$v_1 = \frac{50,9}{10 \cdot 12,41} = 0,41 \text{ kg/cm}^2.$$

Im zweiten Kräfteplan ist

$$s' = 13,85 \text{ m},\quad M'' = \frac{0,56 \cdot 13,85^2}{2} = 53,3 \text{ tm}$$

und die Spannung

$$v_2 = \frac{53,3}{10 \cdot 12,41} = 0,43 \text{ kg/cm}^2.$$

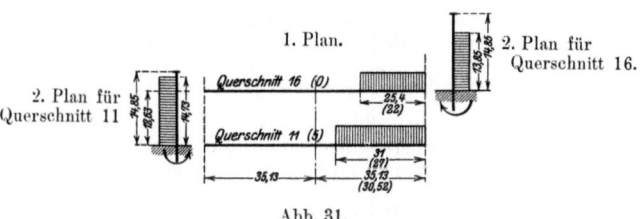

Abb. 31.

Somit ist die Spannung, welche der Wind auf die Verkehrslast erzeugt,
$$v = v_1 + v_2 = 0,41 + 0,43 = 0,84 \text{ kg/cm}^2.$$

Querschnitt 5. Bei der für $\nu\,\sigma^{\mathrm{I}}$ seinerzeit maßgebenden Laststellung war die Brücke vom benachbarten Kämpfer aus auf 27 m von den Fahrzeugen bedeckt.

$$s = 1{,}15 \cdot 27 = 31 \text{ m}, \quad \frac{s}{l} = \frac{31}{70{,}26} = 0{,}44, \quad a = 20{,}24, \quad \frac{a}{l} = 0{,}288, \quad \frac{l-a}{l} = 0{,}712.$$

Aus dem ersten Kräfteplane ist nach Gleichung 31
$$M_1 = -66{,}1, \quad M_2 = +25{,}6, \quad \mathfrak{M} = +75{,}8 \text{ tm}$$
$$M' = +25{,}6 \cdot 0{,}288 - 66{,}1 \cdot 0{,}712 + 75{,}8 = +36{,}1 \text{ tm}$$
$$\nu_1 = \frac{36{,}1}{10 \cdot 6{,}44} = 0{,}56 \text{ kg/cm}^2.$$

In dem zweiten Kräfteplane ist $s' = 14{,}73$, $a' = 12{,}63$, $s' - a' = 2{,}10$ m,
$$M'' = \frac{0{,}56 \cdot 2{,}1^2}{2} = 1{,}23 \text{ tm}, \quad \nu_2 = \frac{M''}{6{,}44} = 0{,}02 \text{ kg/cm}^2.$$

Die Spannung durch den Wind auf die Verkehrslast ist die Summe der Spannungen aus beiden Kräfteplänen:

3. Die Gesamtspannungen. Querschnitt.   0   5

Spannung durch Wind auf Brücke 2,92   0,89 kg/cm²
„   „   „   „   Verkehrslast 0,84   0,58 „
zusammen Windspannung 3,76   1,47 „

Diese Zahlen werden mit den Spannungen verglichen, welche bei der genauen Rechnung gefunden worden sind.

Liste 23.

Wind auf	Querschnitt			Querschnitt 5		
	Brücke	Verkehr	Zusammen	Brücke	Verkehr	Zusammen
Genäherte Rechnung	2,92	0,84	3,76	0,89	0,58	1,47 kg/cm²
Genaue „	2,49	0,64	3,13	1,05	0,32	1,37 „
Unterschied	0,43	0,20	0,63	—0,16	0,26	0,10 „
Prozent	17	31	20	—15	80	7 %

Die genäherte Rechnung gibt für die Spannung durch den Wind auf Brücke und Verkehrslast Werte, welche um 20 und 7 % größer als die genau gerechneten Werte in den beiden Querschnitten 0 und 5 sind. Obwohl die Abweichung bedeutend ist, darf die rohe Annäherungsrechnung unbedenklich im allgemeinen an die Stelle der genauen Untersuchung treten. Denn ihre Spannungen sind größer als die genauen, also ist das Ergebnis ungünstiger, und die Gültigkeit der genauen Untersuchung ist zweifelhaft, da bei den großen Brückenbreiten kaum mehr die Bedingung eines Ebenbleibens der Querschnitte und das Elastizitätsgesetz $\frac{\sigma}{\varepsilon} = E$ erfüllt werden wird.

F. Der Einfluß der Wärme.

1. Die gleichmäßige Erwärmung. Es wird eine Schwankung T der Luftwärme zwischen —20 und +40° C angenommen. Nach Messungen im Innern einer Staumauer (Beton und Eisen 1909, Heft 14), beträgt die Wärmeschwankung im Mauerwerk von der Stärke 2 d:

$$R = \frac{T}{3\sqrt[3]{d}} = \frac{60}{3\sqrt[3]{1}} = 20°.$$

Es wurde somit eine größte Änderung der Gewölbewärme von 20° in Rechnung gestellt.

Durch Wärmeänderung entsteht nur ein zusätzlicher Horizontalschub im Achsursprung. $H_0 = \frac{E}{N_2}\,\omega\,t\,l$ nach Gleichung 34. Seite 22 $t = \pm 10°$, $\omega = 0{,}000\,008\,3$, $E = 1\,000\,000$ t/m², $E\,\omega\,l = 507$ t°t/m. Allgemein wird beim vorliegenden Bogen durch eine Wärmeänderung von t° ein Schub erzeugt:

$$H_0 = +1{,}51\,t°\,t; \quad \text{für } t = 10°, \text{ ist } H_0 = 15{,}1 \text{ Tonnen.}$$

Im Querschnitt x, y entseht

$$M = -15{,}1\,y \text{ und } N = 15{,}1 \cos \varphi, \quad \sigma = -15{,}1 \left(\frac{\cos \varphi}{F} \pm \frac{y}{W} \right) t/m^2$$

Die Wärmespannungen bei 10° Änderung sind in Liste 24, 25 enthalten und erreichen in der oberen Faser des Kämpfers ihren Höchstwert mit 2,95 kg/cm² Druck bei Erwärmung.

2. Die ungleichmäßige Erwärmung. Die ungleichmäßige Erwärmung eines Gewölbes erzeugt bedeutende Spannungen. Nach Gleichung 35 Seite 23

$$M_0 = \frac{-E \omega \Delta t}{N_1} \int_1^2 \frac{ds}{h}, \quad H_0 = + \frac{E \omega \Delta t}{N_2} \int_1^2 y \frac{ds}{h}, \quad G = 0.$$

Angenähert ist:

$$\int_1^2 \frac{ds}{h} = b_m \int_1^2 \frac{ds}{F} = 34{,}69 \qquad b_m = \frac{\Sigma b}{n} = \frac{36{,}783}{8} = 4{,}598 \text{ m}$$

Beträgt der Wärmeunterschied der unteren und oberen Faser 1° C, so wird

$$M_0 = -8{,}3 \frac{34{,}69}{22{,}65} = -13{,}05 \text{ tm}, \quad H_0 = +8{,}3 \frac{-37{,}86}{337{,}47} = -0{,}925 \text{ t}, \quad G = 0.$$

Allgemein ist $M_0 = -13{,}05 \Delta t$, $H_0 = -0{,}925 \Delta t$, wenn die obere Faser wärmer ist als die untere. Am linken Kämpfer ist $M_1 = -23{,}5 \Delta t$ und herrscht die Spannung von $\sigma = \mp 0{,}4 \Delta t$ kg/cm².

3. Der Einfluß der Wärme auf die Scheitellage. Aus Gleichung 36 Seite 24 kann die Scheitelhebung gefunden werden, wenn der Bogen sich gleichmäßig um 1° erwärmt. $H_0 = 1{,}51$ t

$$E\,d = -H_0 \left[\int_1^{l/2} x\,y \frac{ds}{J} + \int_1^{l/2} \sin \varphi \cos \varphi \frac{ds}{\alpha F} \right] = -1{,}51\,(342{,}530 + 3{,}606) = -527 \text{ t/m},$$

$$d = -0{,}527 \text{ mm}.$$

Solange der Bogen nur sein Eigengewicht zu tragen hat, hebt sich der Scheitel bei jedem Grad Wärmezunahme um rund einen halben Millimeter.

G. Die größten Beanspruchungen des Hauptbogens.

Bisher wurde bei allen 17 Querschnitten ermittelt:

Die Spannung durch die Eigenlast des Bogens . . . . $e\sigma$
„   „   „ die Übermauerung . . . . $ü\sigma$
„   „   „ beide zugleich . . . . $r\sigma$
Die größte Zugspannung durch den Verkehr . . . . $v\sigma^I$
„   „ Druckspannung „   „   „ . . . . $v\sigma^{II}$

Diese Werte sind in den Listen 24, 25 zusammengestellt, hier finden sich auch die sogenannten Hauptspannungen:

$$\sigma^I = r\sigma + v\sigma^I, \quad \sigma^{II} = r\sigma + v\sigma^{II},$$

welche jedoch nicht mit den Hauptspannungen der Festigkeitslehre verwechselt werden dürfen.

In den Listen 24, 25 wurden ferner die nebensächlichen Spannungen $t\sigma$, durch Wärmeänderung um 10°, aufgezählt.

Durch Vergleich der Linien σ^I, σ^{II} auf Abb. 23 S. 39 zeigte sich, daß der größte Druck im Querschnitt 11, der größte Zug oder kleinste Druck im rechten Kämpfer — beidesmal in der oberen Faser — auftritt.

Liste 24.
Die Spannungen der oberen Faser durch lotrechte Lasten und Wärme.

	eσ	üσ	rσ	vσ^I	vσ^{II}	σ^I	σ^{II}	tσ
0	— 7,70	— 3,20	—10,90	—12,05	+ 6,94	—22,95	— 3,96	2,95
1	— 5,84	— 6,73	—12,57	— 6,65	+ 4,77	—19,22	— 7,80	2,56
2	— 4,98	— 6,82	—11,80	— 3,21	+ 3,05	—15,01	— 8,75	1,99
3	— 5,59	—10,85	—16,44	— 3,75	+ 2,93	—20,19	—13,51	1,14
4	— 6,96	—14,95	—21,91	— 7,41	+ 5,36	—29,32	—16,55	0,34
5	— 8,93	—13,20	—22,13	—10,08	+ 6,57	—32,21	—15,56	0,55
6	—10,31	—10,20	—20,51	—11,10	+ 6,02	—31,61	—14,47	1,36
7	—11,97	— 5,70	—17,67	—10,44	+ 3,68	—28,11	—13,99	1,90
8	—12,67	— 5,37	—18,04	— 9,52	+ 1,47	—27,56	—16,57	2,11
9	—11,97	— 9,40	—21,37	—10,44	+ 3,68	—31,81	—17,69	1,90
10	—10,31	—15,40	—25,71	—11,10	+ 6,02	—36,81	—19,69	1,36
11	— 8,93	—18,00	—26,93	—10,08	+ 6,57	—36,93	—20,36	0,55
12	— 6,96	—17,98	—24,94	— 7,41	+ 5,36	—32,35	—19,58	0,34
13	— 5,59	—11,28	—16,87	— 3,75	+ 2,93	—20,62	—13,94	1,14
14	— 4,93	— 5,52	—10,50	— 3,21	+ 3,05	—13,70	— 7,45	1,99
15	— 5,84	— 3,24	— 9,08	— 6,65	+ 4,77	—15,73	— 4,31	2,56
16	— 7,70	+ 1,75	— 5,95	—12,05	+ 6,94	—18,00	+ 0,99	2,95

Die Zahlen sind kg/cm². Druck —, Zug +.

Liste 25.
Die Spannungen der unteren Faser durch lotrechte Lasten und Wärme.

	eσ	üσ	rσ	vσ^I	vσ^{II}	σ^I	σ^{II}	tσ
0	— 8,02	—12,80	—20,82	— 9,01	+ 9,54	—29,83	—11,28	2,82
1	—10,22	—11,73	—21,95	— 7,20	+ 5,28	—29,15	—16,67	2,39
2	—10,90	— 9,83	—20,73	— 6,18	+ 1,36	—26,91	—19,37	1,76
3	—10,80	— 5,27	—16,07	— 7,40	+ 3,33	—23,47	—12,74	0,97
4	— 9,89	— 3,30	—13,19	— 9,73	+ 6,08	—22,92	— 7,11	0,06
5	— 8,67	— 5,79	—14,46	—10,53	+ 8,19	—24,99	— 6,27	0,90
6	— 6,85	— 7,83	—14,68	— 9,23	+ 8,76	—23,91	— 5,92	1,73
7	— 6,03	—13,30	—19,33	— 6,04	+ 7,67	—25,37	—11,66	2,31
8	— 5,94	—14,04	—19,98	— 2,73	+ 6,36	—22,71	—13,62	2,50
9	— 6,03	— 9,53	—15,56	— 6,04	+ 7,67	—21,60	— 7,89	2,31
10	— 6,85	— 2,24	— 9,09	— 9,23	+ 8,76	—18,32	— 0,33	1,73
11	— 8,67	— 0,49	— 9,16	—10,53	+ 8,19	—19,69	— 0,97	0,90
12	— 9,89	— 0,46	—10,35	— 9,73	+ 6,08	—20,08	— 4,27	0,06
13	—10,80	— 5,14	—15,94	— 7,40	+ 3,33	—23,34	—12,61	0,97
14	—10,90	—12,78	—23,68	— 6,18	+ 1,36	—29,86	—22,32	1,76
15	—10,22	—15,67	—25,89	— 7,20	+ 5,28	—33,09	—20,61	2,39
16	— 8,02	—18,27	—26,29	— 9,01	+ 9,54	—35,30	—16,75	2,82

Für diese beiden Querschnitte wurde schon vorhin auf S. 48, 53, 54, 42 die Wirkung der Bremskraft und des Winddrucks und der elastischen Formänderung festgestellt. Als obere und untere Grenzwerte der Spannung im Bogen ergeben sich somit:

Liste 26.

Querschnitt 11	Querschnitt 16	
Obere Faser	Obere Faser	Untere Faser
Hauptspannungen:		
rσ = — 26,93 kg/cm²	rσ = — 5,95 kg/cm²	rσ = — 26,29 kg/cm²
rσ' = — 27,38 „	rσ' = — 6,71 „	rσ' = — 25,53 „
σ^I = — 37,46 „	σ^{II} = + 0,23 „	σ^I = — 34,54 „
Zusatzspannungen:		
tσ = — 0,55 „	tσ = + 2,95 kg/cm²	tσ = — 2,82 „
bσ = — 0,26 „	bσ = + 0,98 „	bσ = — 0,98 „
wσ = — 1,37 „	wσ = + 3,13 „	wσ = — 3,13 „
Größte Spannungen:		
σ$_0$ = — 37,46 — 2,18	σ$_0$ = + 0,23 + 7,06 =	σ$_0$ = — 34,54 — 6,93 =
= — 39,64 kg/cm²	= + 7,29 kg/cm²	= — 41,47 kg/cm²

Wenn Verkehrslast, Wind und Wärme wirklich einmal in der vorausgesetzten ungünstigen Weise auf den Bogen wirken, so entsteht eine Druckspannung von fast 42 und eine Zugspannung von wenig über 7 kg/cm². Der größte Zug entsteht in einem Eckpunkte

Die Spannungen in den oberen Fasern von
Querschnitt 11   Querschnitt 16.

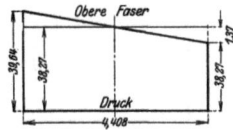 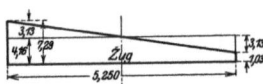

Abb. 32.

des rechten Kämpfers. Ohne Einwirkung von Wärme, Wind und Bremskraft entsteht nirgends im Bogen eine Zugspannung von Bedeutung. Für den Fall, daß der Mörtel keine Zugfestigkeit besitzt und eine Zugspannung nicht entstehen kann, erhöht sich im Kämpfer der Druck — wenn man vom Wind absieht — von 38 auf 39 kg/cm² nach Abb. 33 fügt der Wind an einer Ecke noch 3 kg/cm² hinzu, so übertrifft die im Kämpfer auftretende Druckspannung von 42 kg/cm² jene der Fuge 11 mit 40. Aber auch mit diesem Drucke von 42 kg/cm² ist weder die Festigkeit des Mörtels noch des Granites erschöpft. Engesser berechnet in einem Aufsatze über weitgespannte Brücken (Z. f. Arch. u. Ing. W. Hannover 1910, H. 7) die Fugenfestigkeit eines Quadergewölbes zu $K = {}^1/_3 K_1 + {}^2/_3 K_2$. Da die Granitfestigkeit $K_1 = 2100$

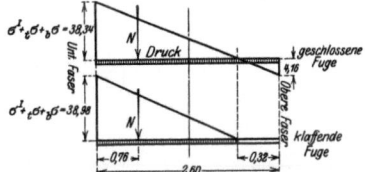

Abb. 33. Die Spannungen in der Fuge des rechten Kämpfers.

und die Mörtelfestigkeit (in eingespanntem Zustande) $K_2 = 450$ kg/cm² ist, so wäre die Fugenfestigkeit $K = 1000$ kg/cm² 24 mal größer als die größte Druckspannung des Bogens.

H. Die Standfestigkeit des Ganzen.

Der Winddruck beträgt in dieser Gegend nach allgemeiner Annahme höchstens 0,2 t/m². Nach Seite 53 entsteht hierbei im Kämpfer eine Zugspannung von 4,98 kg/cm². Da aber die Druckspannung ebenda durch die ruhende Last 6,71 kg/cm² beträgt, so ist eine genügende Standfestigkeit des Bogens in seiner Gesamtheit vorhanden.

J. Zusammenfassung.
1. Die allgemeine Untersuchung.

Die Untersuchung des eingespannten Bogens zerfällt in 3 Teile. Der erste enthält die lotrechten Kräfte, den Einfluß der Wärme und der Formänderung der Widerlager und bildet die Hauptaufgabe, der zweite die wagrechten Kräfte in der Trägerebene, und der dritte befaßt sich mit den wagrechten Querbelastungen, welche senkrecht zur Trägerebene stehen. Bei großen Spannweiten sollten alle drei Teile durchgeführt werden. Die irgendeiner Belastung zugehörige Beanspruchung wird durch die Einflußlinie der größten Spannung im Querschnitt gefunden. Diesen wie allen anderen Einflußlinien liegen die Grundwerte $W_1 = \dfrac{Z_1}{N_1}, W_2 = \dfrac{Z_2}{N_2}, W_3 = \dfrac{Z_3}{N_3}$ zugrunde. Z_1, Z_2, Z_3 sind die mit der Lastlage wechselnden Zähler. N_1, N_2, N_3 sind die konstanten Nenner und haben bei den beiden ersten Untersuchungen die Werte:

$$N_1 = \int_0^l \frac{ds}{J}, \quad N_2 = \int_0^l y^2 \frac{ds}{J} + c^2 \int_0^l \frac{ds}{F\,r^2}, \quad N_3 = \int_0^l x^2 \frac{ds}{J}$$

Liste 27.

	Lotrechte Last A			Wagrechte Längslast B		
$Z_1 =$	$\left(\dfrac{l}{2}-a\right)\int_0^a \dfrac{ds}{J} + \int_0^a x\,\dfrac{ds}{J}$			$(t-k)\int_0^a \dfrac{ds}{J} - \int_0^a y\,\dfrac{ds}{J}$		
$Z_2 =$	$\left(\dfrac{l}{2}-a\right)\int_0^a y\,\dfrac{ds}{J} + \int_0^a xy\,\dfrac{ds}{J}$			$(t-k)\int_0^a y\,\dfrac{ds}{J} - \int_0^a y^2\,\dfrac{ds}{J}$		
$Z_3 =$	$\left(\dfrac{l}{2}-a\right)\int_0^a x\,\dfrac{ds}{J} + \int_0^a x^2\,\dfrac{ds}{J}$			$(t-k)\int_0^a x\,\dfrac{ds}{J} - \int_0^a xy\,\dfrac{ds}{J}$		
$W_{1,l-a} =$	$+W_{1,a} - \left(\dfrac{l}{2}-a\right)$			$-W_{1,a} + t - k$		
$W_{2,l-a} =$	$+W_{2,a}$			$-W_{2,a} - 1$		
$W_{3,l-a} =$	$-W_{3,a} + 1$			$+W_{3,a}$		
$a =$	0	$\dfrac{l}{2}$	l	0	$\dfrac{l}{2}$	l
$W_1 =$	0	$w_1 = \dfrac{1}{N_1}\int_0^{l/2} x\,\dfrac{ds}{J}$	$-\dfrac{l}{2}$	0	$\dfrac{t-k}{2}$	$t-k$
$W_2 =$	0	$w_2 = \dfrac{1}{N_2}\int_0^{l/2} xy\,\dfrac{ds}{J}$	0	0	$\infty - \dfrac{1}{2}$	-1
$W_3 =$	0	$w_3 = \dfrac{1}{2}$	$+1$	0	$\dfrac{1}{N_3}\left[(t-k)\int_0^{l/2} x\,\dfrac{ds}{J} - \int_0^{l/2} xy\,\dfrac{ds}{J}\right]$	0
$a < \dfrac{l}{2}+x,\ M =$	$-W_1 - W_2 y - W_3 x$			$-W_1 - W_2 y - W_3 x$		
$a > \dfrac{l}{2}+x,\ M =$	$-W_1 - W_2 y - W_3 x + \dfrac{l}{2} - a + x$			$-W_1 - W_2 y - W_3 x + t - a'\cdot$		
$a < \dfrac{l}{2}+x,\ N =$	$+W_2 \cos\varphi - W_3 \sin\varphi$			$+W_2 \cos\varphi - W_3 \sin\varphi$		
$a > \dfrac{l}{2}+x,\ N =$	$+W_2 \cos\varphi - W_3 \sin\varphi + \sin\varphi$			$+W_2 \cos\varphi - W_3 \sin\varphi + \cos\varphi$		

Zusammenfassung der allgem. Untersuchung.

27.   **Liste 27.**

Wagrechte Querlast C

$$\left(\frac{l}{2}-a\right)\int_0^a \sin\varphi\cos\varphi\,\frac{ds}{J_3} + (k-t)\int_0^a \sin^2\varphi\,\frac{ds}{J_3} + \int_0^a y\sin^2\varphi\,\frac{ds}{J_3} +$$
$$+ \int_0^a x\sin\varphi\cos\varphi\,\frac{ds}{J_3} - (k-t)\int_0^a \frac{ds}{J} - \int_0^a y\,\frac{ds}{J}$$

$$\left(\frac{l}{2}-a\right)\int_0^a \cos^2\varphi\,\frac{ds}{J_3} + (k-t)\int_0^a \sin\varphi\cos\varphi\,\frac{ds}{J_3} + \int_0^a x\cos^2\varphi\,\frac{ds}{J_3} - \int_0^a x\,\frac{ds}{J} - \left(\frac{l}{2}-a\right)\int_0^a \frac{ds}{J}$$

$$\left(\frac{l}{2}-a\right)\left[\int_0^a x\cos^2\varphi\,\frac{ds}{J_3} + \int_0^a y\sin\varphi\cos\varphi\,\frac{ds}{J_3}\right] + (k-t)\left[\int_0^a x\sin\varphi\cos\varphi\,\frac{ds}{J_3} + \int_0^a y\sin^2\varphi\,\frac{ds}{J_3}\right] +$$
$$+ \int_0^a (x\cos\varphi + y\sin\varphi)^2\,\frac{ds}{J_3} - \int_0^a (x^2+y^2)\,\frac{ds}{J} - \left(\frac{l}{2}-a\right)\int_0^a x\,\frac{ds}{J} - (k-t)\int_0^a y\,\frac{ds}{J} - 3{,}2\int_0^a \frac{ds}{F}$$

$$-W_{1,a} + k - t$$

$$+ W_{2,a} - \left(\frac{l}{2} - a\right)$$

$$-W_{3,a} + 1$$

0	$\dfrac{l}{2}$	l
0	$+\dfrac{k-t}{2}$	$+k-t$
0	$\dfrac{1}{N_2}\cdot\left[(k-t)\displaystyle\int_0^{l/2}\sin\varphi\cos\varphi\,\dfrac{ds}{J_3} + \displaystyle\int_0^{l/2} x\cos^2\varphi\,\dfrac{ds}{J_3} - \displaystyle\int_0^{l/2} x\,\dfrac{ds}{J}\right]$	$-\dfrac{l}{2}$
0	$+\dfrac{1}{2}$	$+1$

$K_3 =$	$-W_3$
$K_3 =$	$-W_3 + 1$
$M_1 =$	$-W_1\cos\varphi + W_2\sin\varphi + W_3(x\sin\varphi - y\cos\varphi)$
$M_1 =$	$-W_1\cos\varphi + W_2\sin\varphi + W_3(x\sin\varphi - y\cos\varphi) + (k-t+y)\cos\varphi - \left(\dfrac{l}{2}-a+x\right)\sin\varphi$

Liste 27 (Fortsetzung).

	Lotrechte Last A	Wagrechte Längslast B
$a < \frac{l}{2} + x$, $Q =$	$- W_2 \sin \varphi - W_3 \cos \varphi$	$- W_2 \sin \varphi - W_3 \cos \varphi$
$a > \frac{l}{2} + x$, $Q =$	$- W_2 \sin \varphi - W_3 \cos \varphi + \cos \varphi$	$- W_2 \sin \varphi - W_3 \cos \varphi - \sin \varphi$
$M_{l-a} =$	$- l + 2a - W_{1,a} - W_{2,a} y + W_{3,a} x$	$+ W_{1,a} + W_{2,a} y - W_{3,a} x$
$N_{l-a} =$	$+ W_{2,a} \cos \varphi + W_{3,a} \sin \varphi$	$- W_{2,a} \cos \varphi - W_{3,a} \sin \varphi$
$Q_{l-a} =$	$- W_{2,a} \sin \varphi + W_{3,a} \cos \varphi$	$+ W_{2,a} \sin \varphi - W_{3,a} \cos \varphi$

und bei der dritten Untersuchung die Werte:

$$N_1 = \int_0^l \sin^2 \varphi \frac{ds}{J_3} - \int_0^l \frac{ds}{J}, \quad N_2 = \int_0^l \cos^2 \varphi \frac{ds}{J_3} - \int_0^l \frac{ds}{J}$$

$$N_3 = \int_0^l (x \cos \varphi + y \sin \varphi)^2 \frac{ds}{J_3} - \int_0^l (x^2 + y^2) \frac{ds}{J}.$$

In der Liste 27 sind die Grundwerte in ihrer tunlichst vereinfachten Gestalt für alle drei Untersuchungen zusammengestellt, die Beziehung zwischen den Werten bei symmetrischen Lastlagen und die drei Grenzwerte angegeben und endlich die Querschnittskräfte M, N, Q als Abhängige der Grundwerte gezeigt.

Die Berechnung der Spannung durch wagrechte Querlast (Wind) darf im allgemeinen angenähert erfolgen, indem man sie aus zwei Kräfteplänen ermittelt. Im 1. Plan gilt der Träger als beiderseits eingespannt mit einer geraden Achse, deren Länge l gleich der Bogenabwicklung S ist; im zweiten Plane zerlegt er sich in 2 gerade Kragträger, deren senkrechte Kraglänge gleich der Pfeilhöhe ist und jeweils die Hälfte der Windlast aufnimmt. Das Moment im Querschnitte a, a' ist bei gleichförmig verteilter Last p

auf der Strecke s, wenn $a < s$ | auf dem ganzen Träger

1. Plan $M' = M_2 \frac{a}{l} + M_1 \frac{l-a}{l} + \mathfrak{M}$ $\quad\quad M' = \frac{p_1}{12} [6a(l-a) - l^2]$

$$M_1 = p_1 \frac{s^2}{12} \left[6 - 8 \frac{s}{l} + 3 \left(\frac{s}{l}\right)^2 \right]$$

$$M_2 = - \frac{p_1}{12} \left(\frac{s}{l}\right)^2 (4l - 3s) \quad\quad p_1 = \frac{\Sigma W}{l}, \quad p_2 = \frac{\Sigma W}{2f}$$

$$\mathfrak{M} = p_1 \frac{s}{l} \left(l - \frac{s}{2}\right) a - p_1 \frac{a^2}{2}$$

2. Plan $M'' = p_2 \frac{(s' - a')^2}{2}$, $a' < s'$ $\quad\quad M'' = p_2 \frac{(f - a')^2}{2}$

Die Spannung ist $\quad\quad \nu = 6 \frac{M' + M''}{h b^2}$

Der Einfluß der Wärme: Gleichmäßige Erwärmung um t^0, $M_0 = 0$, $H_0 = 8{,}3 \frac{l \, t}{N_2}$, $G = 0$. Ungleichmäßige Erwärmung mit einem Wärmeunterschied der äußeren Fasern um Δt^0:

27.   Liste 27.

Wagrechte Querlast
C

$M_2 =$	$+ W_1 \sin\varphi + W_2 \cos\varphi + W_3 (x \cos\varphi + y \sin\varphi)$
$M_2 =$	$+ W_1 \sin\varphi + W_2 \cos\varphi + W_3 (x \cos\varphi + y \sin\varphi) - (k - t + y) \sin\varphi - \left(\dfrac{l}{2} - a + x\right) \cos\varphi$
$K_{3,\,l-a} =$	$+ W_{3,a}$
$M_{1,\,l-a} =$	$+ W_{1,a} \cos\varphi + W_{2,a} \sin\varphi - W_{3,a} (x \sin\varphi - y \cos y)$
$M_{2,\,l-a} =$	$- W_{1,a} \sin\varphi + W_{2,a} \cos\varphi - W_{3,a} (x \cos\varphi + y \sin\varphi)$

$$M_0 = - \frac{8{,}3\,\Delta t}{N_1} \int_0^l \frac{ds}{h}, \quad H_0 = \frac{8{,}3\,\Delta t}{N_2} \int_0^l y \frac{ds}{h}, \quad G = 0$$

N_1, N_2 haben die Werte der 1. Untersuchung.

Die Scheitelbewegung,
durch lotrechte Last:

$$1\,000\,000\, d = - W_1 \int_0^{\frac{l}{2}} x \frac{ds}{J} - W_2 \int_0^{\frac{l}{2}} x y \frac{ds}{J} + W_3 \int_0^{\frac{l}{2}} x^2 \frac{ds}{J}$$

durch Wärme:

$$1\,000\,000\, d = - \frac{8{,}3\, l\, t}{N_2} \int_0^{\frac{l}{2}} x y \frac{ds}{J}.$$

Die Werte x, y gehören bei den ersten beiden Untersuchungen einem Achskreuz an, dessen senkrechte Y-Achse in der Symmetrielinie des Bogens liegt und dessen wagerechte X-Achse ungefähr durch den Schwerpunkt der elastischen Gewichte $\dfrac{ds}{J}$ geht und von der Kämpferlinie um k absteht.

$$k = \frac{\displaystyle\int_0^l y' \frac{ds}{J}}{\displaystyle\int_0^l \frac{ds}{J} + \int_0^l \frac{ds}{F r^2}}$$

Bei der dritten Untersuchung liegt die X-Achse um k über der Kämpferlinie:

$$k = \frac{\displaystyle\int_0^l y' \frac{ds}{J} - \int_0^l y' \sin^2\varphi\, \frac{ds}{J_3} - \int_0^l x \sin\varphi \cos\varphi\, \frac{ds}{J_3}}{\displaystyle\int_0^l \frac{ds}{J} - \int_0^l \sin^2\varphi\, \frac{ds}{J_3}}, \quad J_2 = \frac{b^3 h}{12}, \quad J_3 = \frac{b h^3}{12},$$

$$\frac{1}{J} = \frac{1}{J_2} + \frac{J}{J_3}$$

Die Werte Z und W werden für eine genügende Anzahl Querschnitte der einen Trägerhälfte mit den Ausdrücken der Spalte A, B und, wenn nötig, auch C des Verzeichnisses er-

64   Der Talübergang bei Langenbrand.

mittelt, deren Form die geringste Rechenarbeit erfordert. Durch sie ist eine gleichgroße
Zahl von Einflußlinien der Querschnittskräfte M, N, Q und sind durch die Beziehung

$$\sigma = -\frac{N}{F} \mp \frac{M}{W}, \quad \nu = \mp 6 \frac{M_2}{b^2 h}$$

ebensoviele Einflußlinien der Spannungsgrößtwerte gegeben. Die Gleichungen gelten für
jeden symmetrischen Bogen, nur muß bei einem Korbbogen für den in N_2 vorkommenden
Halbmesser r ein Mittelwert genommen werden. Sie enthalten alle für eine genaue Rech-
nung nötigen Glieder und eignen sich insbesondere für logarithmische Durchführung. Alle
Größen sind in m und t auszudrücken, so daß sich die Spannung zum Schlusse in t/m² ergibt.
Für den Elastizitätsmodul E wurde auf Grund der Beobachtung $E = 1\,000\,000$ t/m² gesetzt.
Die früher auf Seite 2 und 15 festgesetzten Richtungen sind positiv.

2. Die rechnerische Untersuchung.

I. Der Einfluß der Normal- und Querkraft.

a) auf die Lagerkräfte. Es wurden die Flächen einmal der mit und das andere Mal
der ohne Nebenkraft berechneten Einflußlinien der M_0, H_0, G ermittelt und der Inhalt
verglichen. Die Abweichung von dem genauen Wert ist in Prozenten des letzteren
angegeben. Das — Zeichen bedeutet, daß ohne die Nebenkraft sich zu große absolute
Werte ergeben.

Liste 28.

	Lotrechte Last	Wagrechte Längslast
Einfl. d. Normalkraft bei M_0 / H_0 / G	+ 0,02 % / − 2,09 ,, / 0 ,,	+ 0,01 % / − 2,78 ,, / 0 ,,
Einfl. d. Querkraft bei M_0 / H_0 / G	0 ,, / − 0,08 ,, / − 0,16 ,,	0 ,, / − 1,06 ,, / − 1,46 ,,

Die Querkraft ist im allgemeinen fast wirkungslos und kann ohne Schaden vernachlässigt werden. Die Normalkraft ist beim Horizontalschub H_0 wichtig, es genügt jedoch,
sie beim konstanten Nenner N_2 einzuführen.

b) auf die Spannungen.

Liste 29.

Lotrechte Last		Linker Kämpfer	Scheitel	Querschnitt 11	Linker Kämpfer	Scheitel	Querschnitt 11
Einfl. d. Normalkraft bei	σ_o	+ 18,6 %	− 2,2 %	− 5,3 %	−9,6 %	− 3,0 %	+ 1,4 %
	σ_u	+ 17,7 ,,	+ 214 ,,	+ 13,7 ,,	−5,7 ,,	+ 214 ,,	+ 1,6 ,,
Einfl. d. Querkraft bei	σ_o	+ 0,5 ,,	− 0,6 ,,	0 ,,	−0,3 ,,	− 0,6 ,,	− 0,1 ,,
	σ_u	+ 6,9 ,,	− 6,8 ,,	0 ,,	−0,2 ,,	− 6,8 ,,	+ 0,1 ,,

Liste 30.

		Ganzer Träger belastet			Linke Hälfte belastet		
Einfl. d. Normalkraft bei	σ_o	+ 13,3 %	− 2,0 %	− 1,5 %	−5,4 %	− 1,0 %	+ 1,0 %
	σ_u	+ 12,9 ,,	+ 18,8 ,,	+ 4,5 ,,	−5,1 ,,	+ 7,2 ,,	+ 1,5 ,,
Einfl. d. Querkraft bei	σ_o	+ 0,5 ,,	− 0,6 ,,	0 ,,	−0,2 ,,	− 0,2 ,,	− 0,1 ,,
	σ_u	+ 0,5 ,,	− 0,6 ,,	0 ,,	−0,2 ,,	− 0,2 ,,	+ 0,1 ,,

In der Liste 29 ist der Beitrag der Nebenkraft verglichen mit der genauen Spannung,
welche in dem betreffenden Querschnitt bei Belastung über den ganzen und halben Träger
auftritt. In der Liste 30 ist der Beitrag jedoch mit der in dem einen ungünstigsten Querschnitt auftretenden Maximalspannung, welche bei der ganzen Belastung mit $p = 1t$

10 kg/cm² und bei der Belastung auf der einen Trägerhälfte 13 kg/cm² ist, verglichen und in Hundertteilen ausgedrückt worden. Die Absolutgröße der Last scheidet beim Vergleiche aus, darum wurde $p = 1$ t gesetzt. Die Zahlen sind wieder Prozente und das Minuszeichen bedeutet einen zu großen absoluten Wert der Spannung ohne Nebenkraft. Die Listen beweisen, daß die Querkraft ohne Bedeutung ist. Die Normalkraft macht sich hingegen bemerkbar und muß daher im Nenner von W_2 enthalten sein.

II. Die elastische Änderung der Widerlager.

Das elastische Formändern der Widerlager ist beim Talübergang bei Langenbrand von keinem großen Einfluß auf die Spannungen. Die größte Spannungsänderung ist nur 0,76 kg/cm².

Liste 31.

	Rechter Kämpfer	Scheitel	Querschnitt	
σ_o	+ 12,7 %	− 0,2 %	+ 1,7 %	Vergleich mit $r\sigma$.
σ_u	− 3,4 „	+ 0,2 „	− 4,9 „	

III. Zusatzspannungen.

Die Spannungen durch Wind und Wärme sind hier wie bei allen größeren Spannweiten wichtig. Der Einfluß der Bremskraft wächst und jener der Wärme wird kleiner mit zunehmender Pfeilhöhe. Alle drei Einflüsse — Wind, Wärme und Bremskraft — begünstigen das Auftreten von Zugspannungen im Bogen.

K. Die vereinfachte Untersuchung für lotrechte Last.

Eine zuverlässige Berechnung der Festigkeit eines Gewölbes und ein genaues Ergebnis, das dem Bedürfnis einer verantwortlichen Tätigkeit genügt, kann nur auf dem rechnerischen Wege erhalten werden. Da eine vollständige Untersuchung umfangreiche Rechenarbeit verlangt, so wurde gezeigt, wie man sie durch zweckmäßigen Ausbau der Gleichungen und Fortlassen der rechnerisch einflußlosen Werte auf ein Mindestmaß beschränken kann. Zeichenverfahren werden meist nur noch zur Nachprüfung der grundlegenden Werte benutzt. Ihre elegante Lösung und fast mühelose Durchführung wird dabei freilich als eine angenehme Abwechslung und Erleichterung empfunden.

Die bei diesem und anderen Entwürfen durchgeführte rechnerische Untersuchung von Gewölben, deren Achse ein Kreisbogen oder einem solchen ähnlich war, zeigte eine so einfache Gestalt der Kämpferdruckschnitt- und Umhüllungslinien für lotrechte Last, daß die Einflußlinien der drei Kämpferkräfte sich leicht zeichnerisch ermitteln ließen. Das hier entwickelte Zeichenverfahren zur Nachprüfung der berechneten Werte bringt gegenüber den sonstigen genauen und genäherten Konstruktionen eine erhebliche Erleichterung und ermöglicht eine solche Genauigkeit, daß das Ergebnis sich fast vollkommen mit jenem der Rechnung deckt.

1. Die Gestalt der Schnitt- und Umhüllungslinien.

Vom symmetrischen Parabelbogen ist bekannt, daß seine Kämpferdruckschnittlinie annähernd eine wagrechte Gerade ist und daß seine Umhüllungslinien Hyperbeln sind, deren eine Asymptote die zugehörige Kämpferlotrechte und deren andere eine schwachgeneigte Gerade ist. An den folgenden Beispielen wird nachgewiesen, daß beim symmetrischen Kreisbogen die Umhüllungslinien als Hyperbeln angesehen werden können, deren eine Asymptote wieder die zugehörige Kämpferlotrechte ist, während die andere wagrecht liegt und den Abstand zwischen dem Schwerpunkt der elastischen Gewichte $\dfrac{ds}{J}$ und der wagrechten Schnittlinie halbiert.

Erstes Beispiel. Der Talübergang bei Langenbrand Abb. 20 S. 35.

$$l = 61{,}05, \ f = 14{,}85 \text{ m}, \ \frac{f}{l} = 0{,}243.$$

Der symmetrische Kreisbogen wurde im vorhergehenden rechnerisch mit Berücksichtigung aller Nebenkräfte untersucht. Die Schnittlinie ist fast genau eine Wagrechte, und die Umhüllungslinien sind genau Hyperbeln mit den vorhin erwähnten rechtwinkligen Asymptoten. Die nach dem noch abzuleitenden Verfahren gezeichneten Werte der M_1, A, H_1 stimmen mit den gerechneten überein.

Zweites Beispiel. Schwändeholzdobelbrücke.

$$l = 59{,}08, \ f = 14{,}37 \text{ m}, \ \frac{f}{l} = 0{,}243$$

Bei diesem auf der Bahnstrecke Freiburg-Donaueschingen gelegenen symmetrischen Kreisbogen ist in der Rechnung die Normalkraft berücksichtigt und es ergibt sich das gleiche wie beim ersten Beispiel.

Drittes Beispiel. Talübergang bei Forbach, zweiter Entw.

$$l = 41{,}77, \ f = 13{,}68 \text{ m}, \ \frac{f}{l} = 0{,}328.$$

Bei diesem symmetrischen Kreisbogen ist in der Rechnung keine Nebenkraft berücksichtigt, weshalb sich auch H_1 und M_1 auf der positiven Seite zu groß berechneten. Für die vorhin erwähnte Lage von Schnittlinie und Asymptoten ergibt die zeichnerische Bestimmung solche Werte von H_1, A, M_1, welche mit den gerechneten Werten von A, H_1 zusammenfallen und bei M_1 richtiger Weise nach der negativen Seite etwas größer sind.

Viertes Beispiel.

$$l = 67{,}48, \ f = 8{,}44 \text{ m}, \ \frac{f}{l} = 0{,}125.$$

Das Pfeilverhältnis $1/8$ dieses symmetrisch angenommenen Kreisbogens nähert sich der untersten Grenze der Anwendung. Die mit allen Nebenkräften durchgeführte Berechnung zeigt, daß die Schnittlinie sehr schwach gegen die Wagrechte beiderseits nach oben genau so geneigt ist, wie die zweite Asymptote jeder Umhüllungslinie, welche wieder eine Hyperbel mit der Kämpferlotrechten als 1. Asymptote ist. Mit wagrechter Schnittlinie und wagrechter Asymptote, welche wie die genaue, geneigte Asymptote in der Mitte zwischen Achsursprung und Schnittlinie liegt, zeichnen sich Werte von M_1, welche im ersten und dritten Bogenviertel nach der positiven Seite um weniges größer als die gerechneten M_1 Werte sind.

Die gezeichneten H_1, A Werte sind ebenfalls im Bogenviertel sehr wenig kleiner als die genauen gerechneten. Die Berechtigung der gesagten Annahme von Kämpferdruckschnitt- und Umhüllungslinie besteht somit auch bei diesem Grenzfall der Kreisbogenform, wenn auch bei M_1 nicht in dem gleichen Maße wie bei Bögen mit $\frac{f}{l} > \frac{1}{8}$.

Fünftes Beispiel. Talübergang bei Forbach, erster Entw. Abb. 36, S. 70.

$$l = 41{,}41, \ f = 13{,}30 \text{ m}, \ \frac{f}{l} = 0{,}322.$$

Auch bei diesem unsymmetrischen Kreisbogen sind in der Rechnung keine Nebenkräfte enthalten. Es ergeben sich richtige Werte M_1, A, H_1 für eine gerade, der geneigten X-Achse parallele Schnittlinie und für zwei Asymptoten, welche den Abstand des Schwerpunktes der elastischen Gewichte von der Schnittlinie halbieren. Die Asymptote am höheren Kämpfer ist der X-Achse parallel, die andere Asymptote hat die entgegengesetzt gleiche Neigung.

Sechstes Beispiel. Talübergang bei Forbach, dritter Entw.

$$l = 41{,}60, \ f = 13{,}30 \text{ m}, \ \frac{f}{l} = 0{,}320.$$

Die vereinfachte Untersuchung für lotrechte Last. 67

Ein symmetrischer Korbbogen mit 7 Mittelpunkten bildet die Trägerachse. Die Kämpferdruckschnittlinie besteht aus zwei geneigten Geraden. Die Asymptoten sind ihnen gleichgerichtet, schneiden sich aber etwas unterhalb der Mitte zwischen Achsursprung und Schnittlinie. Nimmt man die Asymptoten in der Mitte und eine wagerechte Schnittlinie an, so ergeben sich Werte, welche mit der die Normalkraft enthaltenden Rechnung gut übereinstimmen.

Bei der Annahme einer einzigen wagerechten Asymptote zeigen sich bei A, H_1 nur geringe Unterschiede gegen die Rechnung, während M_1 nach der negativen Seite merkbar größer wird.

2. Der symmetrische Kreisbogen.

a) Das Zeichenverfahren. Es wird darauf verzichtet, den rechnerischen Nachweis für die empirisch gefundene einfache geometrische Gestalt der Schnitt- und Umhüllungslinien zu erbringen, und im folgenden nur das auf ihnen beruhende Zeichenverfahren zur Ermittlung der Einflußlinien M_1, A, H_1 für den symmetrischen und unsymmetrischen Kreis oder Korbbogen gegeben, welche ein Pfeilverhältnis innerhalb der vorigen Grenzen haben.

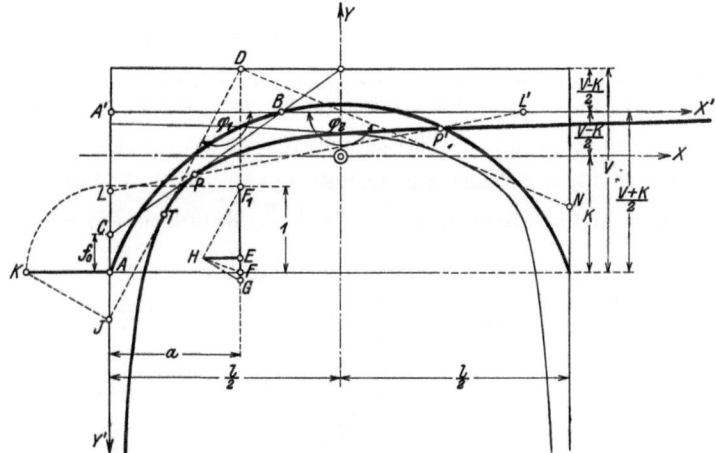

Abb. 34. Das Zeichenverfahren für die Einflußlinien der Kämpferkräfte M_1, A, H_1 bei lotrechter Last.

Zunächst entnimmt man die der Lastlage in Brückenmitte zugehörigen Werte

$$w_1 = \frac{\int_0^{\frac{l}{2}} x \frac{ds}{J}}{\int_0^l \frac{ds}{J}}, \quad w_2 = \frac{\int_0^{\frac{l}{2}} x y \frac{ds}{J}}{\int_0^l y^2 \frac{ds}{J} + c^2 \int_0^l \frac{ds}{F r^2}}$$

der bereits durchgeführten Rechnung oder zeichnet sie in bekannter Weise als Moment 1. und 2. Grades der elastischen Gewichte $\frac{ds}{J}$ bezogen auf das rechtwinklige Achsenkreuz, dessen senkrechte Achse die Symmetrieachse ist und dessen wagerechte Achse genau genug durch den Schwerpunkt der elastischen Gewichte geht und von der Kämpferlinie den Abstand k hat. Die Kämpferdruckschnittlinie liegt sodann um $v = k - \frac{w_1}{w_2}$ über den Kämpferpunkten. Mit der Strecke $f_0 = \dfrac{1}{w_2}(w_1 + \dfrac{l}{4}) - k$ sind die beiden Kämpferdrücke für die Lastlage in Brückenmitte nach Größe, Lage und Richtung gegeben. Die den beiden Umhüllungslinien gemeinsame Asymptote liegt in der Mitte zwischen Achsursprung und Schnittlinie, also um $\dfrac{v+k}{2} = k - \dfrac{w_1}{2w_2}$ über den Kämpfern. Da die beiden Lagerdrücke Tangenten an die gesuchten Hyperbeln sind, halbiert man die Strecke B C zwischen den Asymptoten und hat in P den Berührungspunkt. Um weitere Punkte P' der Hyperbel zu finden, zieht man durch P die beliebige Sehne L P und macht L P = L' P'. Für die beliebige Lastlage a werden die 3 Kräfte am linken Lager gefunden, indem man vom zugehörigen Punkt D der Schnittlinie an die beiden Umhüllungslinien die Tangenten und durch die Enden F, F₁ der Einheit die Parallelen F H und F₁H zieht. Die wagerechte Strecke H E ist der Horizontalschub H_1, und E F₁ ist der Lagerdruck A. Füs das Einspannungsmoment M_1 trägt man die Einheit A K nach außen wagerecht an, verlängert die Tangente aus D bis zum Schnitte J und zieht durch Punkt H die Parallele H G zu K J.

$$E G = E H \dfrac{A J}{A K} = H_1 \dfrac{f}{1} = M_1$$

Mit wechselnder Lastlage a beschreiben die Punkte E, G, H die gesuchten 3 Einflußlinien von A, M_1, H_1.

b) Das Rechenverfahren. Die einfachen geometrischen Beziehungen geben auch einfache Gleichungen für die Lagerkräfte, welche zur Vollständigkeit angegeben werden.

Der Kämpferdruck für $a = \dfrac{l}{2}$ schneidet auf den beiden linken Asymptoten die Strecken ab A′ B = p, A′ C = q. Nimmt man beide Asymptoten als X′-, Y′-Achsen, so lauten die Gleichungen der Umhüllungslinien: $x' \, y' = \dfrac{p\,q}{4}$. Es ist leicht einzusehen, daß

$$p = \dfrac{l}{2} + w_1, \quad q = \dfrac{p}{2w_2} = \dfrac{w_1 + \dfrac{l}{2}}{2w_2} \text{ ist};$$

also ist

$$\dfrac{p\,q}{4} = \dfrac{\left(w_1 + \dfrac{l}{2}\right)^2}{2 w_2}.$$

Auf dieses Achsenkreuz bezogen hat der Punkt D der Schnittlinie die Koordinaten a und $c = -\dfrac{v-k}{2} = -\dfrac{w_1}{2w_2}$. Die Tangente von D an die linke Hyperbel hat den Berührungspunkt T, dessen Koordinaten x′, y′ sind.

$$x' = \dfrac{p\,q}{4c}\left[1 - \sqrt{1 - \dfrac{4\,a\,c}{p\,q}}\right], \quad y' = \dfrac{p\,q}{4a}\left[1 + \sqrt{1 - \dfrac{4\,a\,c}{p\,q}}\right].$$

Sie bildet mit der wagerechten Asymptote den Winkel φ_1 und die zugehörige Tangente an die rechtsseitige Hyperbel hat den Winkel φ_2

$$\operatorname{tg}\varphi_1 = -\dfrac{c}{a} \cdot \dfrac{1 + \sqrt{1 - \dfrac{4\,a\,c}{p\,q}}}{1 - \sqrt{1 - \dfrac{4\,a\,c}{p\,q}}}; \quad \operatorname{tg}\varphi_2 = -\dfrac{c}{b} \cdot \dfrac{1 + \sqrt{1 - \dfrac{4\,b\,c}{p\,q}}}{1 - \sqrt{1 - \dfrac{4\,b\,c}{p\,q}}}, \quad b = l - a.$$

Mit diesen beiden Winkelwerten finden sich die gesuchten Lagerkräfte.

$$M_1 = -\dfrac{v + a\,\operatorname{tg}\varphi_1}{\operatorname{tg}\varphi_1 + \operatorname{tg}\varphi_2}, \quad H_1 = -\dfrac{1}{\operatorname{tg}\varphi_1 + \operatorname{tg}\varphi_2}, \quad A = \dfrac{\operatorname{tg}\varphi_1}{\operatorname{tg}\varphi_1 + \operatorname{tg}\varphi_2}.$$

Die vereinfachte Untersuchung für lotrechte Last.

Die früher nach den genauen Gleichungen logarithmisch berechneten Werte M_1, A, H_1 des Hauptbogens bei Langenbrand wurden zum Vergleich nochmals logarithmisch mit den eben abgeleiteten Gleichungen ermittelt. Es wurde damit auch rechnerisch nachgeprüft, inwieweit das einfache Zeichenverfahren sich den richtigen Werten nähert.

Bei diesem Hauptbogen war:
$$p = 23{,}907, \quad q = 11{,}666, \quad v = 17{,}800, \quad c = -3{,}236 \text{ m.}$$

Liste 32.

Lastlage:	0	1	2	3	4	5	6	7	8
M_1 Genau	0	−2,376	−3,936	−4,494	−4,015	−2,653	−0,739	+1,286	+2,974
M_1 Genähert	0	−2,385	−3,941	−4,491	−4,013	−2,653	−0,739	+1,283	+2,974
A Genau	1	0,9946	0,9772	0,9433	0,8903	0,8168	0,7241	0,6163	0,5000
A Genähert	1	0,9950	0,9776	0,9438	0,8910	0,8175	0,7249	0,6167	0,5000
H_1 Genau	0	0,0286	0,1169	0,2632	0,4530	0,6595	0,8469	0,9784	1,0257
H_1 Genähert	0	0,0282	0,1166	0,2631	0,4529	0,6594	0,8457	0,9766	1,0257

Die Liste 32 zeigt unzweideutig, daß die Annahme der Kämpferdruckschnittlinie als Gerade und der Umhüllungslinien als Hyperbeln mit rechtwinkligen Asymptoten so genaue Werte ergibt, daß sich für die Anwendung beide Ergebnisse decken. Das sehr einfache Zeichenverfahren ist genauer als jedes andere bekannte graphische Verfahren. Zum Schlusse seien noch die Ausdrücke für die Grundwerte W_1, W_2, W_3 der lotrechten Belastung abgeleitet:

$$W_1 = \frac{v - k + \left(\frac{l}{2} - a\right)\operatorname{tg}\varphi_2}{\operatorname{tg}\varphi_1 + \operatorname{tg}\varphi_2}, \quad W_2 = -\frac{1}{\operatorname{tg}\varphi_1 + \operatorname{tg}\varphi_2}, \quad W_3 = \frac{\operatorname{tg}\varphi_2}{\operatorname{tg}\varphi_1 + \operatorname{tg}\varphi_2}$$

3. Der Kreisbogen mit $\frac{f}{l} = \frac{1}{4}$.

Für den Sonderfall des Kreisbogens mit dem Pfeilverhältnis $\frac{1}{4}$ ist es näherungsweise erlaubt, bei der Last 1 t in Brückenmitte den Horizontalschub $H_0 = 1$ t anzunehmen, wie der Bogen der Langenbrandner und Schwändeholzdobelbrücke zeigt. Aus den Abständen d, k des Schwerpunktes der elastischen Gewichte einer Bogenhälfte von der Symmetrieachse und der Kämpferlinie hat man die Lage der Schnittlinie $v = k + \dfrac{d}{2}$ und die wagerechte Asymptote mit $k + \dfrac{d'}{4}$ über der Verbindungslinie der Kämpfer und damit auch die Umhüllungslinien selbst; denn es ist für $a = \dfrac{l}{2}$ der Lagerdruck $A = \dfrac{1}{2}$ und der Schub $H_1 = 1$ t. (Abb. 35.)

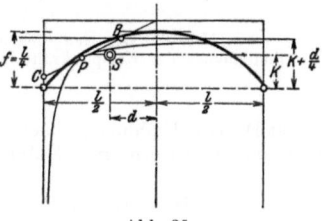

Abb. 35.

4. Der unsymmetrische Kreisbogen.

Im Anschluß hieran möge kurz die ähnliche Konstruktion beim Kreisbogen mit ungleich hohen Kämpfern als dem allgemeineren Falle gezeigt werden. (Abb. 36, S. 70.)

Der Achsursprung liegt im Schwerpunkt der elastischen Gewichte. Die X-Achse bildet mit der Wagrechten den Winkel β, der sich aus der Gleichung bestimmt:

$$\int_0^l x\,y\,\frac{ds}{J} = 0, \quad \operatorname{tg}\beta = \frac{\displaystyle\int_0^l x\,y'\,\frac{ds}{J}}{\displaystyle\int_0^l x^2\,\frac{ds}{J}}.$$

Ihr parallel ist die Schnittlinie, und die Umhüllungslinien sind nach Beispiel 5 auf S. 66 Hyperbeln, deren eine Asymptote immer die Kämpferlotrechte ist, deren andere den Abstand zwischen Schnittlinie und Ursprung halbiert und mit der Wagrechten den Winkel $+\beta$ und $-\beta$ bildet. Zerlegt nach den Achsen X und Y gibt die Kämpferkraft den Lagerdruck A und den um β geneigten Schub H_1. Aus den Umhüllungs- und Schnittlinien finden sich M_1, A, H_1 wie früher. F_1 H und F H sind parallel den beiden Tangenten vom Schnitt-

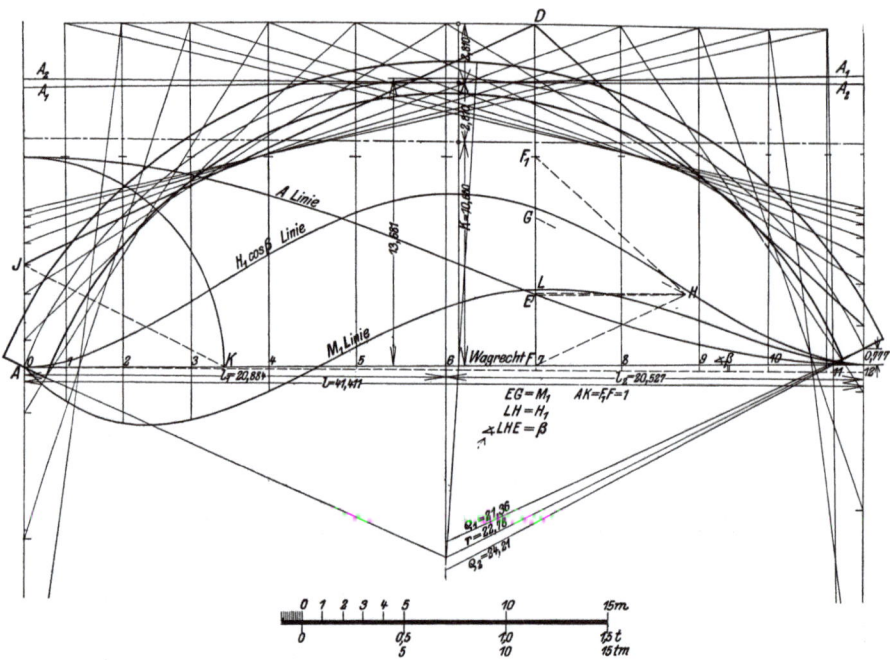

Abb. 36 Der Hauptbogen des Talüberganges bei Forbach. Erster Entwurf.
Die Einflußlinien der Kämpferkräfte M_1, A, H_1 und die Kämpferdruck-Schnitt- und Umhüllungslinien für lotrechte Last.

punkt D an die Umhüllungslinien. $F F_1$ und A K sind gleich der Einheit. E H ist wagrecht, L H′ parallel der geneigten X-Achse und G H parallel J K. Dann ist:

$$L H' = H_1, \quad E F = A, \quad \frac{EG}{EH} = \frac{AJ}{AK}, \quad EG = \frac{H_1 \cos\beta \, AJ}{1} = M_1.$$

5. Der kreisähnliche Korbbogen.

Je mehr sich die Achse eines symmetrischen Korbbogens einem Kreisbogen nähert, desto eher ist man berechtigt, die gezeigte einfache Ermittlung der Lagerkräfte anzuwenden, zumal das Ergebnis bei Zugspannungen zu ungünstig wird; je willkürlicher seine Gestalt jedoch ist, desto mehr werden seine Umhüllungslinien von der Hyperbel abweichen. Deshalb beschränkt sich das gezeigte Zeichenverfahren auf symmetrische Kreisbögen und ihnen sehr ähnliche Formen, deren Pfeilverhältnis jenem der Beispiele sich nähert.

II. Die Bauausführung des Talüberganges bei Langenbrand.

A. Der Bauvorgang. Die Baustelle lag etwa 15 m tiefer als die auf dem rechten Ufer talaufwärts führende Landstraße und an einer solchen Flußstrecke, wo sich beiderseits am Ufer Wiesenhänge hinziehen, und das Tal noch breit und offen ist. Das rechte Ufer ist flach und sumpfig, das linke, etwas mehr geneigt, hat nur geringe Überlagerung auf dem Fels, der im Flußbett bald zu Tage tritt und bald von grobem Geschiebe bedeckt ist. Ein schmaler Karrenweg auf dem linken Ufer, etwa in Bahnhöhe, konnte wegen seiner schlechten Linienführung und seines Zustandes nur ausnahmsweise zur Beifuhr von Baustoffen benutzt

Abb. 37. Der Talübergang bei Langenbrand. Blick flußabwärts.

werden, und man war vor allem auf die Landstraße angewiesen, von welcher die Lasten durch einen zweigleisigen Bremsberg mit 3 t Nutzlast oder in Rutschen aus starken Dielen zu den Lagerplätzen hinunter befördert wurden. Fast der größte Teil vom Sand wurde rechtsuferig 100 m oberhalb hinter einem Wehre gewonnen, wo er sich bei jeder Murganschwellung in reinem Zustande und recht grobkörnig ablagerte. Der Rest wurde mit der Bahn aus einer Grube in der Rheinebene bei Durmersheim bezogen, war aber für den Granit etwas fein und mußte unter großen Kosten etwa 4 km mit Wagen beigefahren werden, da es nicht gelang, das Baugleis rasch genug bis zur Baustelle vorzustrecken. Weniger wichtig war die Verbindung mit der oberhalb gelegenen Strecke, da im Flußbett und 200 m oberhalb auf dem linken Ufer gesunder und leicht zu stoßender Fels anstand, der schöne Steine für die Hintermauerung, Sichtfläche und die Nebengewölbe lieferte. Nur ein kleiner Teil wurde von Forbach her im Taltransport angefahren; den gleichen Weg hatten die Quader für den Hauptbogen, welche aus Brüchen am Eckkopf bei Forbach oder noch 4 km weiter oberhalb im Raumünzachtale geliefert und wie die Abdeckplatten, welche meistens aus der Rappenschlucht kamen, am Baugleis im neuen Bahnhof Langenbrand gelagert wurden. Den Steinlagerplatz bestrich ein hölzerner Kran mit fahrbarer Winde.

Um wenigstens beide Ufer zu verbinden, wurden die 3 im Flußbett erstellten Lehrgerüstpfeiler flußabwärts um 3 m verlängert und ein hochwasserfreier Holzsteg für Plattwagen darüber aufgeschlagen. Am Fuße des Bremsberges wurde der Zement und Sand

72   Der Talübergang bei Langenbrand.

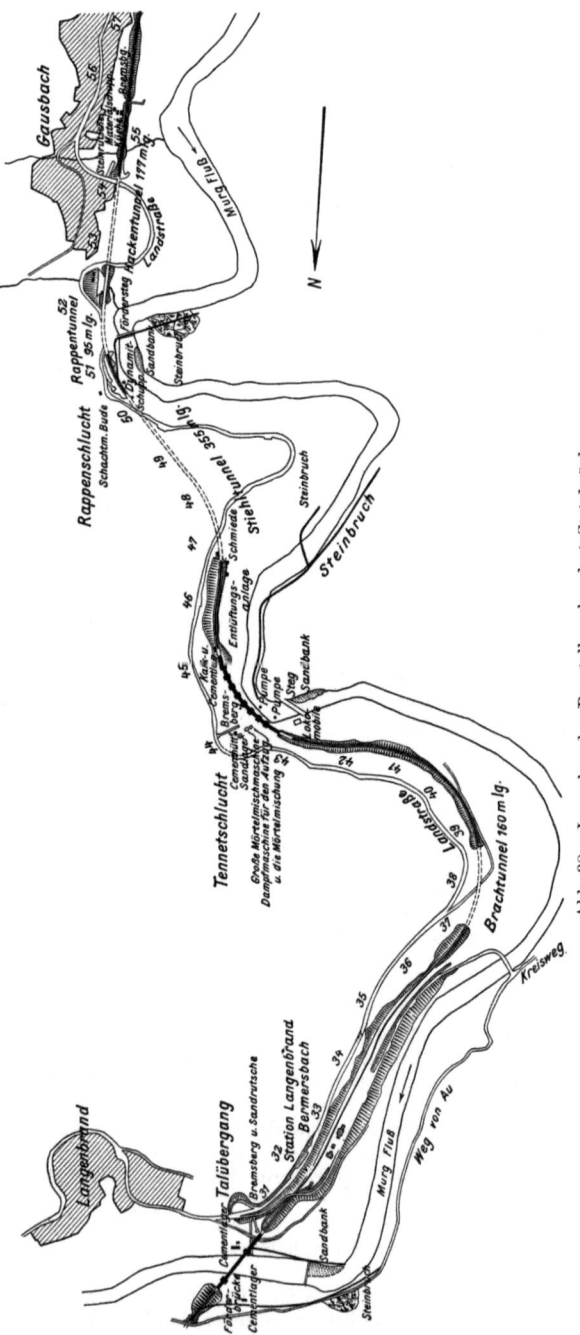

Abb. 38. Lageplan der Baustellen der drei Steinbrücken.

gelagert, die Mörtelpritsche angelegt und die schwach ausreichende Mörtelmischmaschine mit Handbedienung aufgestellt. Eine handbediente Winde förderte in einem fünfstöckigen hölzernen Aufzugsturme den Mörtel und Bruchstein zur Verwendungsstelle. Der Mangel an Maschinenkraft machte sich auf dieser Baustelle zum Nachteil der Unternehmung recht bemerkbar. Die anfänglich fehlende großzügige Arbeitseinteilung veranlaßte die Bauverwaltung, zunächst sämtliche Lehrgerüste selbst zu entwerfen und für den zweiten großen Kunstbau ein genaues Arbeitsprogramm aufzustellen.

Im September 1907 wurde mit Ausheben der Baugruben bis auf den Fels für die Widerlager des großen Bogens und im Oktober mit der Mauerung des linksufrigen begonenen. Nachdem beiderseits das Mauerwerk die Kämpferhöhe erreicht hatte — die Schichten wurden etwa senkrecht zur Drucklinie gesetzt —, wurden die aufsitzenden Endpfeiler der Nebenbögen gleichzeitig mit den anderen Pfeilern im Frühjahr 1908 bis zur Kämpferhöhe der Nebenbögen hochgemauert, indem für jeden Pfeiler ein einseitiges einfaches Arbeitsgerüst hergestellt wurde. Es wäre vorteilhafter gewesen, wie in der Tennetschlucht, für die Pfeilergruppe eines Ufers jeweils ein durchgehendes einseitiges Versetzgerüst aus mehreren, entsprechend dem Baufortschritt aufgesetzten Stockwerken und mit einem Maschinenaufzuge zu erstellen.

Der Mörtel bestand aus 1 R. T.-Zement und 3 R. T.-Sand, die Sichtfläche aus beliebig hohen, hammerrecht bearbeiteten Schichtsteinen von Granit und die Hintermauerung ebenfalls aus granitnem Bruchstein.

Aus den Pfeilerschäften ragten etwa in Höhe des Bogenmittelpunktes in jede Öffnung 4 Kragsteine hervor, über welchen die Lehrgerüste aufgestellt wurden. Die Lehrgerüste der Nebenbögen waren ähnlich jenen der Tennetschluchtbrücke und werden dort näher beschrieben. Zur Wölbung des einen Bogens am linken Ufer wurden 5, zum anderen 7 Tage gebraucht. Die aus hammerrechten Schichtsteinen bestehenden Wölbsteine wurden von den Kämpfern aus gleichmäßig ohne besondere Vorsichtsmaßnahme versetzt. Aus diesem Grunde und weil die aufgebrachte Scheitelbelastung zu klein war, zeigten sich gegen Wölbschluß und beim Ausrüsten im unteren Bogenviertel Fugenrisse; sie wurden nachträglich ausgegossen. Zwei Wochen nach Gewölbeschluß wurden die Lehrgerüste abgelassen, abgeschlagen und zwischen den rechtsufrigen Pfeilern aufgestellt. Der dritte Bogen hat hier ungleich hohe Kämpfer und erhielt ein besonderes Gerüst. Ende Juli waren auch diese Nebenöffnungen geschlossen, wobei an einem Bogen 5 Tage gewölbt wurde. Die 60 mm überhöhten Lehrgerüstscheitel senkten sich während der Wölbung im Mittel um 20 mm und die Bogenscheitel beim Ausrüsten um 2 mm. Während die Zimmerleute an den Gerüsten für den Hauptbogen arbeiteten, wurden die Stirnmauern auf den Nebenbögen hochgemauert.

Auf einer ebenen Wiese, bei der das Holz liefernden Säge in Wiesenbach, hatte man inzwischen das große Lehrgerüst für den Hauptbogen abgebunden. Am 10. August begann das Aufschlagen und am 28. September stand Lehr- und Versetzgerüst fertig da. Die größte Mühe machte das Aufstellen des aus 30 und 40 cm starken Hölzern bestehenden Unterstockes, wozu zunächst von Pfeiler zu Pfeiler des Lehrgerüstes ein Arbeitsboden hergerichtet werden mußte; aber die Rüstarbeit verlief ohne Unfall.

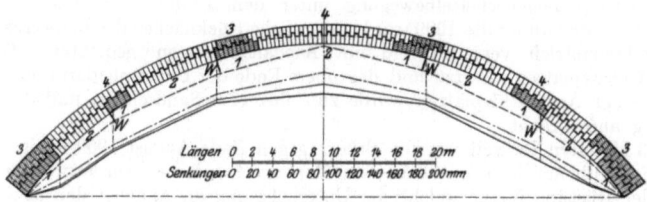

Abb. 39. Darstellung des Wölbvorganges und der Lehrgerüstsenkungen am Hauptbogen bei Langenbrand.

Am 1. Oktober konnte mit der Mauerung des Hauptbogens begonnen werden. Die durchgehenden Läufer und Binderschichten waren im Kämpfer 3 und im Scheitel 2 Steine stark. Der tatsächliche Wölbvorgang ist auf Abb. 39 dargestellt. Von den beiden Kämpfern und den 4 künstlichen Widerlagern W aus konnten die Bogenteile 1 des inneren Ringes versetzt und eine zweckmäßig verteilte Belastung des Lehrgerüstes erzielt werden. Im zweiten Arbeitsabschnitte wurden die Bogenteile 2 gleichzeitig aufgebracht und schließlich der Ring im Scheitel geschlossen. Aus den auf dem gleichen Bilde aufgezeichneten Senkungen des Lehrgerüstes unter der Auflast der Bogenteile 1 und des ganzen inneren Ringes konnte man deutlich ersehen, daß das Lehrgerüst gegen Bogenmitte stärker belastet werden mußte, um die Lehrgerüstsenkungen im Scheitel zu vergrößern und in ein richtiges Verhältnis zu den Senkungen rechts und links davon zu bringen. Die künstlichen Widerlager hätten etwas mehr gegen Brückenmitte angelegt werden sollen. Diesem Umstande wurde Rechnung getragen, indem das Wölben des äußeren Ringes nur von den Kämpfern und zwei weiteren Stellen aus begonnen wurde, welche über den oberen Bogenteilen 1 lagen. Die Belastung durch diese Bogenteile 3 brachte einen besseren Verlauf der Senkungslinie. Die Auflast der Bogenteile 4 vermehrte die Senkungen nur noch um weniges.

Das Abb. 39 zeigt ferner deutlich, daß das Lehrgerüst durch den geschlossenen inneren Bogenring wesentlich entlastet worden ist. Der Senkungszuwachs beim Zustand 3 und 4 ist an allen 7 Beobachtungspunkten des Lehrgerüstes bedeutend kleiner als der Zuwachs durch die Bogenteile 2.

Die im Bahnhof Langenbrand lagernden Quader für den inneren Ring wurden mit dem Holzkran auf Plattwagen geladen und auf der 60 cm breiten Rollbahn auf das Versetzgerüst über die Verwendungsstelle gefahren; hier wurden sie mit einem der 3 Portalkrane aus Holz auf das Lehrgerüst hinuntergelassen und von den Maurern gleich richtig, aber trocken unter Verwendung von Holzleisten in den Fugen der inneren Leibung und von Keilen in den Fugen der Rückenflächen auf den Schalhölzern versetzt. Zur Erleichterung war die Schichtteilung vom Kämpfer und Scheitel aus auf den Kranzhölzern aufgerissen worden. Eine Scheitellast wurde auf das Lehrgerüst nicht aufgebracht. Nach dem Schluß des 1. Ringes wurde der mit der Maschine gemischte Zementmörtel 1 : 3 in nicht zu feuchtem Zustande in die Fugen eingestampft. Mit Rücksicht auf die vorgerückte Jahreszeit wurden die Quader des äußeren Ringes von den Kämpfern und den oberen künstlichen Widerlagern aus gleichzeitig und sofort in Mörtel versetzt. Da am 3. Dezember der Schlußstein gesetzt wurde, waren 9 Wochen zur ganzen Wölbung gebraucht worden. Wohl kaum die Hälfte dieser Zeit wäre nötig gewesen, wenn man mit der Wölbung eines Ringes nicht eher begonnen hätte, als bis all seine Quader an der Baustelle angeliefert gewesen wären. Bereits am 8. Februar 1909, also vor den jedes Frühjahr eintreffenden Murganschwellungen, wurde das Lehrgerüst abgelassen. Zunächst wurden die Spindeln unter dem Mittelteil vom Scheitel nach beiden Seiten fortschreitend heruntergeschraubt und dann erst die Reststrecken gegen die Kämpfer zu langsam gesenkt. Beim Ausrüsten wie beim Wölben zeigten sich keine Fugenrisse; der Bogenscheitel senkte sich hierbei um 7 mm.

Im April 1909 wurden nach Eintritt warmer Witterung über dem Hauptbogen die Pfeiler und im Mai die Sparbögen vom Versetzgerüst aus hergestellt. Bis Mitte Juli waren auch die Stirnmauern fertig, welche an den äußeren Kämpfern der letzten Sparbögen jeweils eine lotrechte und nach oben durchgehende Trennungsfuge erhielten, weil man hier ein Reißen bei der Bogenscheitelbewegung unter dem Einfluß der Wärme befürchten mußte. In der zweiten Julihälfte 1909 wurden sämtliche Rückflächen des Bauwerks mit einem Zementmörtelglattstrich versehen und mit Asphaltfilzplatten gedichtet. Gleichzeitig wurden die Abdeckplatten versetzt und das obere Ende der Dichtung darunter geschoben. Zum Schutze der Asphaltfilzplatten wurde zunächst eine Sandschicht und dann erst die Steinbeugung aufgebracht.

Nach 23 Monaten Bauzeit war die Brücke gegen Ende August 1909 fertig. Es waren 1023 cbm Baugrubenaushub und 4354 cbm Mauerwerk geleistet worden; die Kosten einschließlich der Rüstungen, für welche die Unternehmung im Angebot den unzulänglichen Betrag von 6000 M. verlangt hatte, betrugen nach der Abrechnung 206 000 M., so daß für einen Kubikmeter Mauerwerk mit allen Nebenkosten 47,52 M., 2,6 mal dem Preise für gewöhnliches Bruchsteinmauerwerk, mit 18,50 M. pro cbm, bezahlt wurde.

B. 1. Entwurf für das große Lehrgerüst (Abb. 40). In dem von der Bauverwaltung der Unternehmung vorgeschlagenen ersten Entwurf wurden 4 Binder mit einem Achsabstand von 1,50 m angenommen, von denen jeder aus einem Unter-, Mittel- und Oberstock bestand. Als Stützpunkte waren außer den Kragsteinen an jedem Hauptwiderlager 3 Pfeiler im Murgbett vorgesehen, welchen die Ständer und Streben der einzelnen Stockwerke die Last auf kürzestem Wege zuleiten sollten. Der Unterstock wurde aus 2 großen Mittel- und 2 kleinen Seitensprengwerken gebildet, deren Streben nicht zu flach geneigt wurden und deren wagerechter Stab mit der durchgehenden Längsschwelle verschraubt und verdübelt und nach oben aufgehängt wurde. Auf der Längsschwelle standen die Ausrüstungsspindeln von $46 + 20 = 66$ cm Höhe. Auf einer zweiten Längsschwelle erhob sich der Mittelstock und über dessen oberer Ausgleichsschwelle der Oberstock. Jeder Binder war ein in sich abgeschlossenes Tragwerk, das durch ausreichenden Querverband mit den anderen die nötige Seitensteifigkeit erhielt, aber mit Rücksicht auf leichtes Rüsten und die unvermeidlichen kleinen Höhenunterschiede kein Tragglied mit den andern Bindern gemeinsam hatte. Die Streben und Ständer stützten mit besonderen Sattelhölzern die Kranzhölzer, welche mit ihnen verschraubt und verdübelt waren. Zu jedem Dübel gehören zwei Schrauben, welche in der Abb. 40 nicht angedeutet sind.

Für die Berechnung wurde dem Lehrgerüst die ganze Gewölbelast, mit Rücksicht auf Stoßwirkung sogar noch um $\frac{1}{4}$ erhöht, zugemutet, obwohl durch den zuerst geschlossenen inneren Quaderring eine Entlastung zu erwarten war. Jedem Ständer und jeder Strebe des Oberstockes wurde die ihm natürlicher Weise zukommende Last, wenn nötig nach dem

Parallelogramm der Kräfte ermittelt, zugewiesen, und die obere Längsschwelle des Mittelstockes hatte die wagrechten Komponenten aufzunehmen, so daß nur die lotrechten Lasten sich weiter in den Mittel- und Unterstock fortpflanzen konnten. Auch hier nahmen die Längsschwellen wieder den wagrechten Druck auf, während der endgültig jeden Seitenpfeiler treffende Schub durch Druckstreben nach dem Hauptwiderlager geleitet wurde. Für die Ermittlung der Holzstärke wurde angenommen:

    Spez. Gewicht des Mauerwerks 2,4
      ,,   ,,   ,, Holzes 0,9
    Zulässige Druckbeanspruchung des Holzes längs der Faser . . . . . . 60 kg/cm²
      ,,   ,,   ,,   ,, quer zur Faser . . . . . . 20 ,,
      ,,   Eisenbeanspruchung auf Zug und Druck . . . . 1200 ,,
      ,,   ,,   ,, Schub . . . . 800 ,,

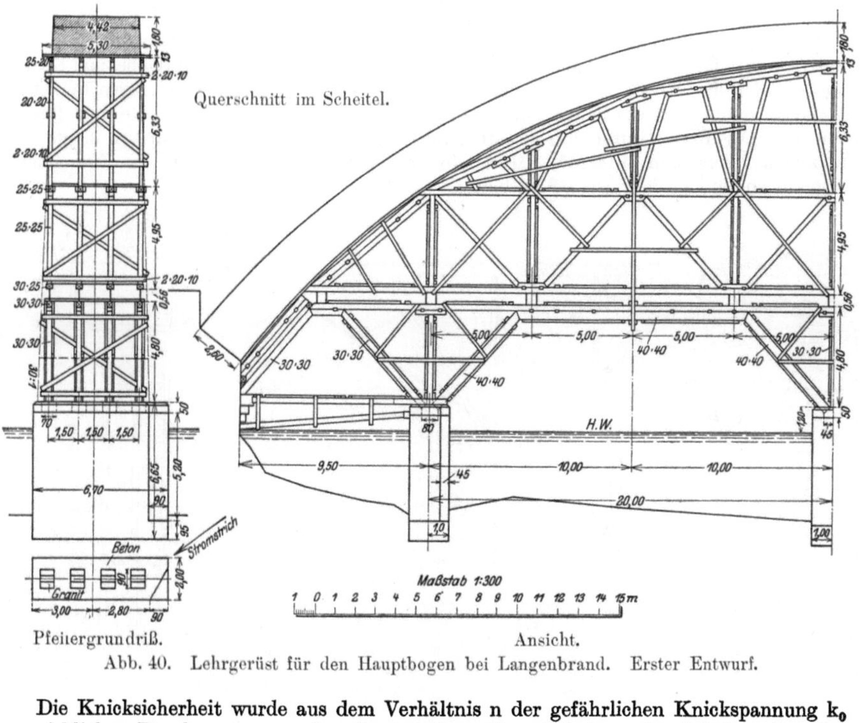

Abb. 40. Lehrgerüst für den Hauptbogen bei Langenbrand. Erster Entwurf.

Die Knicksicherheit wurde aus dem Verhältnis n der gefährlichen Knickspannung k_0 zur wirklichen Druckspannung σ berechnet und mußte mindestens eine 5 fache sein. Bedeutet λ das Verhältnis der Knicklänge zum Trägheitsradius, so kann gesetzt werden:

$$k_0 = 294 - 1{,}94\,\lambda \quad \text{für} \quad 1{,}8 < \lambda < 100$$
$$k_0 = \frac{1\,000\,000}{\lambda^2} \quad \text{für} \quad \lambda > 100.$$

Für das Gerüst war scharfkantiges Holz vorgeschrieben, das aus den großen alten Beständen der umliegenden Wälder in beliebiger Länge und Stärke gewonnen werden konnte. Der Schraubendurchmesser wurde für sämtliche Lehrgerüste des Bahnbaues mit 3 cm angenommen, ebenso wie sämtliche Hartholzdübel 8 cm hoch und 12 breit waren. Da unter jede Quader-Fuge und -Mitte ein Schalholz gelegt werden sollte, ergab sich für das Schalholz eine Stärke von 13/13 cm. Die Einheitlichkeit in den einzelnen Teilen ermöglichte ihre wiederholte Verwendung an anderen Baustellen und verminderte den Aufwand. Im einzelnen ergaben sich folgende Holzstärken:

Schalholz . . . . 13 · 13 cm
Kranzholz . . . . 20 · 45 ,,
Oberstock . . . . 20 · 20 ,,
Mittelstock . . . . 25 · 25 ,,
Unterstock . . . . 30 · 30 u. 40 · 40 cm
Zangen, Kreuze . . . . 2 · 20 · 10 ,,

Hiernach berechnet sich ein Zeugaufwand für den ersten Entwurf des Lehrgerüstes:

Schalholz . . . . 27,04 cbm
Kantholz . . . . 196,50 ,,
Hartholz . . . . 14,98 ,,
Zusammen Holz . . . . . . 238,52 ,,
Eisen ohne Spindeln . . . . . 5280 kg

Für spätere Vergleiche wurde der Aufwand für folgende Einheiten berechnet: des überwölbten Raumes, der überwölbten Grundfläche, des Gewölbeinhaltes, des Produktes aus Grundfläche mal Spannweite und endlich des Produktes aus Grundfläche mal Spannweite mal Höhe. Die 3 ersten Einheiten sind die üblichen; die 4. und 5. tragen dem Umstand Rechnung, daß der Zeugaufwand etwa mit dem Quadrate der Spannweite eines Bogens wächst. Der Raum wurde nur soweit gemessen, als er über den Kämpfern liegt. Die einzelnen Werte sind 2914 m³, 321 m², 760 m³, 18 915 m³, 278 996 m⁴; die Einheitsaufwendungen sind in der Liste 39 enthalten.

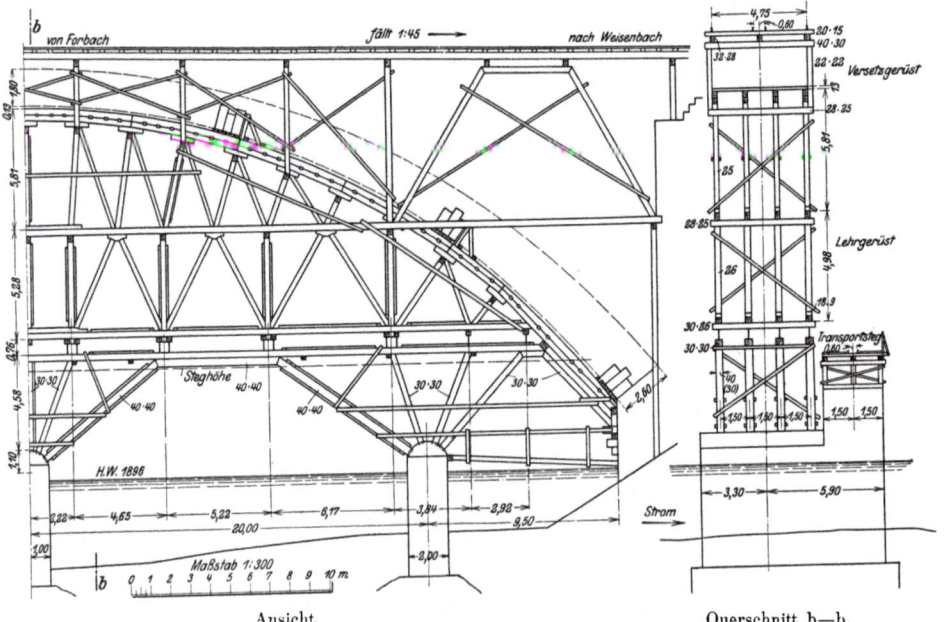

Ansicht.   Querschnitt b—b.
Abb. 41. Lehr- und Versatzgerüst für den Hauptbogen bei Langenbrand. Ausführungsentwurf.

C. Ausführungsentwurf für das große Lehrgerüst (Abb. 41, 42). Im Laufe von Verhandlungen reichte die Unternehmung eine Abänderung ein, welche die Stellung der Pfeiler, Anzahl der Binder und Einteilung der Stockwerke beibehielt, aber die Feldweiten im Binder verkleinerte und vor allem das Kranzholz mit Pfetten stützte, welche über alle vier Binder gingen. Sämtliche Streben wurden nach dem Mittelpunkt gerichtet und erhielten Hilfsstreben. Die Hauptstreben der unteren Sprengwerke lagen sehr flach; die rechnerische

Nachprüfung ergab aber noch eine genügende Standsicherheit, und das Gerüst wurde zur Ausführung genehmigt und hat sich bewährt.

Das Kranzholz lagerte auf eichenen Sattelhölzern auf und war mit ihnen verschraubt. Die darunterliegenden Pfetten waren soweit verlängert worden, daß sie noch beiderseits einen Ständer des Versetzgerüstes über dem Bogen tragen konnten. Weil sie über alle vier Binder hindurch liefen, mußte beim Rüsten auf genaue Höhenlage geachtet werden, und es war nicht möglich, die unvermeidlichen kleinen Höhenfehler der Binder erst kurz vor dem Wölben am Schalholz auszugleichen, sondern man mußte sie mit vieler Mühe sofort beim Rüsten zu beseitigen versuchen. Die mittleren 3 Ständer saßen im Ober- und Mittelstock auf je einer Eichenschwelle auf, welche mit dem Längsbalken verschraubt war. Ähnlich dem ersten Entwurf waren Hilfszangen zur Verkürzung der Knicklängen eingezogen und ein starker Querverband aus Doppelzangen angeordnet worden. Auch der einseitige Schub wurde durch Druckstreben dem Hauptwiderlager zugeleitet.

Über jedem Ständer des Mittelstockes wurde ein Paar Schraubenspindeln von 30 t Tragkraft vorgesehen, welche bei 20 cm Hubhöhe in niedergeschraubtem Zustande 46 cm hoch waren und auf 56 cm eingestellt wurden. Dem Lehrgerüstscheitel wurden 15 cm Überhöhung gegeben, welche parabolisch nach den Kämpfern abnahm.

Abb. 42. Der Talübergang bei Langenbrand nach dem Schluß des ersten Ringes. Blick flußaufwärts.

Die Festigkeitsberechnung hatte bei gleicher Grundlage den gleichen Gang wie beim ersten Entwurf und ergab folgende Abmessungen:

```
Schalholz . . . . . . . . . . . . . . . 13 · 13 cm
Kranzholz . . . . . . . . . . . . . . 26 · 56 und 26 · 65 cm
Tragstreben im Oberstock . . . . . . 25 · 20, 25 · 25, 25 · 28 cm
Hilfsstreben im      ,,      . . . . . . . 25 · 20 cm
Längsschwelle  ,,    ,,      . . . . . . 26 · 30  ,,
Streben      im Mittelstock . . . . 26 · 26, 26 · 24 cm
Längsschwelle ,,    ,,       . . . . 26 · 30 cm
     ,,       ,, Unterstock . . . . 40 · 40  ,,
Ständer        ,,    ,,      . . . . 30 · 30  ,,
Streben        ,,    ,,      . . . . 30 · 30, 40 · 40 cm
Hilfszangen und Kreuze . . . . . . . 2 · 9 · 18 cm
```

Die größte Traglast eines Spindelpaares betrug 45 t, die größte Druckspannung im Außenpfeiler 9,6 und im mittleren 6,2 kg/cm²; die größte Bodenpressung in den Außenpfeilern, die auf Fels standen, war 4,8 und im Mittelpfeiler, der auf Geröll stand, 3,8 kg/cm². Die Standsicherheit gegen Wind von 250 kg/qm wurde sowohl für den beweglichen Oberteil, von dessen voller umrüsteter Sichtfläche 31,2% Windfläche ist, als auch für das ganze Gerüst über den Pfeilern, von dessen ganzer umrüsteter Fläche nur 18,5% vom Wind getroffen werden, nachgewiesen und beim unbelasteten Zustande eine Sicherheit von 2,2 und 1,5 berechnet.

Bei dem zweiten Entwurf ergab sich folgender Aufwand:

Schalholz	27,04 cbm
Kantholz	238,54 ,,
Hartholz	18,61 ,,
Zusammen Holz	284,19 cbm
Eisen ohne Spindeln	5090 kg

Es wurden 45 cbm oder 18% mehr Holz als beim ersten Entwurf gebraucht. Der Mehraufwand erklärt sich hauptsächlich aus dem Einziehen überflüssiger Hilfsstreben. Der Aufwand für die früheren Einheiten steht in Liste 39. Da die Sicherheit in hohem Maße von den guten Zustand der Schrauben abhing, wurde jeder einzelne Schraubenkopf vor dem Einziehen der Schrauben geprüft und jede Schraubenmutter vor dem Wölben nachgezogen.

An Arbeit wurde im ganzen verwendet für:

Abbinden	450	Tagschichten
Aufstellen	390	,,
Abrüsten	200	,,
Zusammen	1040	Tagschichten

Der auf die Einheiten bezogene Arbeitsaufwand ist in Liste 36 enthalten. Eine Tagschicht umfaßt ein für allemal 11 Stunden, worin eine Stunde Mittagspause und je ½ Stunde Frühstück und Vesperpause enthalten ist.

D. Das Versetzgerüst. Das Versetzgerüst hatte in Höhe der künftigen Bahn ein 60 cm breites Gleis für die Rollbahn und ein 475 cm breites für den Kran zu tragen. Die 20 · 15 cm starken Gleisschwellen lagen auf 3 Längsbalken 28 · 32 und diese wieder auf Querschwellen 30 · 30 bzw. 30 · 40, welche beiderseits mit einem Ständer 22 · 22 bzw. 22 · 24 cm auf die auskragenden Pfetten des Lehrgerüstes abgestützt waren. In Kämpfernähe wurde die Fahrbahn von einem 13 m weit gespannten Sprengwerk getragen, dessen Streben 25 · 30 cm stark waren (Abb. 41, S. 76).

Die einfache Berechnung nahm eine bewegliche Last von 4 mit je einem 1,6 t schweren Wölbquader beladenen Plattwagen von 1,75 m Länge und eines Kranes von 3,3 t an.

Dem Holz wurde eine Druckspannung bis zu 80 kg/cm² zugemutet. Das Gerüst wurde ganz aus Kantholz hergestellt und verbrauchte 68,4 cbm Holz und 360 kg Eisen. Jeder Aufbau der 3 Portalkrane verschlang 5,2 cbm Holz und 28 kg Eisen. Das Versetzgerüst wurde in 16 Arbeitstagen aufgeschlagen und erforderte folgenden Arbeitsaufwand:

Abbinden	62	Tagschichten
Aufstellen	132	,,
Abrüsten	55	,,
Zusammen	249	Tagschichten

Der auf verschiedene Einheiten bezogene Aufwand ist in Liste 40, S. 99 enthalten.

3. Die Tennetschluchtbrücke.
I. Die Bauausführung mit Bauprogramm.

Etwa 1,5 km oberhalb des Talüberganges bei Langenbrand übersetzt die Bahnlinie die Tennetschlucht in einem Bogen von 220 m Halbmesser und in der Steigung 1 : 53 mit steinerner Brücke, die aus 9 Bögen von je 16 m Spannweite besteht, eine Gesamtlänge von 183,30 m besitzt und mit ihrer Fahrbahn 27 m über die Murgsohle ansteigt. Die Pfeiler des Bauwerkes haben auf der dem Mittelpunkte abgewendeten Bergseite einen Anzug von 15 : 1, auf den 3 anderen Seiten einen solchen von 20 : 1 bis zum Beginn der Bogenwölbung,

Abb. 43. Die Tennetschluchtbrücke. Blick flußaufwärts.

von wo die beiden Stirnflächen senkrecht sind und einen gegenseitigen Abstand von 4,40 m halten. Die geringste Pfeilerstärke mißt in der Brückenrichtung 2,80 m. Alle Pfeiler und die beiden Endwiderlager sind auf gesunden Fels gegründet. Das Pfeilermauerwerk besteht aus Granitbruchsteinen, die in Zementmörtel 1 : 3 gebettet wurden. Das Gewölbe, dessen innere Leibung nach einem Kreisbogen von 8,00 m Halbmesser gekrümmt und aus dem gleichen Bruchsteinmauerwerk wie die Pfeiler gebildet ist, ist am Scheitel 0,80 m, an den Kämpfern 1,28 und 1,25 m stark. Die Kämpfer liegen der Bahnneigung entsprechend verschieden hoch, 2,92 und 3,20 m über dem Kreismittelpunkt.

Die abgeschlossene Lage der Baustelle in der steilen von der Murg durchfluteten Schlucht, 40 m unterhalb der auf dem rechten Ufer liegenden Landstraße gestaltete die Bauausführung schwierig (Abb. 38). Schon die Absteckung der Pfeilerachspunkte war nicht einfach, da Längenmessungen in der Bahnachse durch die steile Felswand am Nordende unmöglich waren und durch eine Triangulation ersetzt werden mußten, welche 2 geschickt das Gelände des flachen linken Ufers ausnützende Basen zur Grundlage hatte.

Begünstigt durch den niederen Wasserstand der Murg gelang es, ohne große Kosten den Fluß gegen das Innenufer zu verlegen und mitten im alten Flußbett die neue Ufermauer — zeitweilig unter Verwendung einer Lokomobile zur Wasserhaltung — herzustellen. Hinter ihr konnten die Arbeitsplätze sicher angelegt und auch die Pfeilerbaugruben bis auf den Fels ausgeschachtet werden, ohne von den plötzlich eintretenden Anschwellungen gefährdet zu sein. Die Versorgung der Baustelle mit Baustoffen wurde dadurch etwas erleichtert, daß ein Teil des Sandes aus dem Flußbett und ein großer Teil der Bruchsteine und Quader aus den dort liegenden Granitwacken oder aus Brüchen gewonnen werden konnte, welche wenig oberhalb besonders auf dem linken Ufer angelegt wurden. Der Zement und ein Teil des Sandes wurde zwei Stunden weit von Weisenbach auf der Landstraße heraufgeschafft, da die Dienstbahn noch nicht bis hierher vorgestreckt werden konnte. Was an Steinen noch fehlte, wurde auf der Landstraße von den Brüchen bei Forbach her befördert. Ein zweigleisiger Bremsberg beförderte in 2 Minuten Fahrzeit 3 t Nutzlast von der Landstraße zu dem Lagerplatz am Fuß der Pfeiler auf einer 78 m langen Fahrbahn mit 82% Gefälle. An seinem Endpunkte war das Sandlager und die Zementbude angelegt und die Mörtelmischmaschine aufgestellt, welche mit Dampfkraft betrieben wurde und gute Dienste leistete. Die Maschinenkraft reichte gerade noch für den nahe dabei gelegenen Aufzug am Versetzgerüst und eine Pumpe aus, welche das Mörtelwasser aus der Murg schöpfte. (Abb. 45, S. 81.)

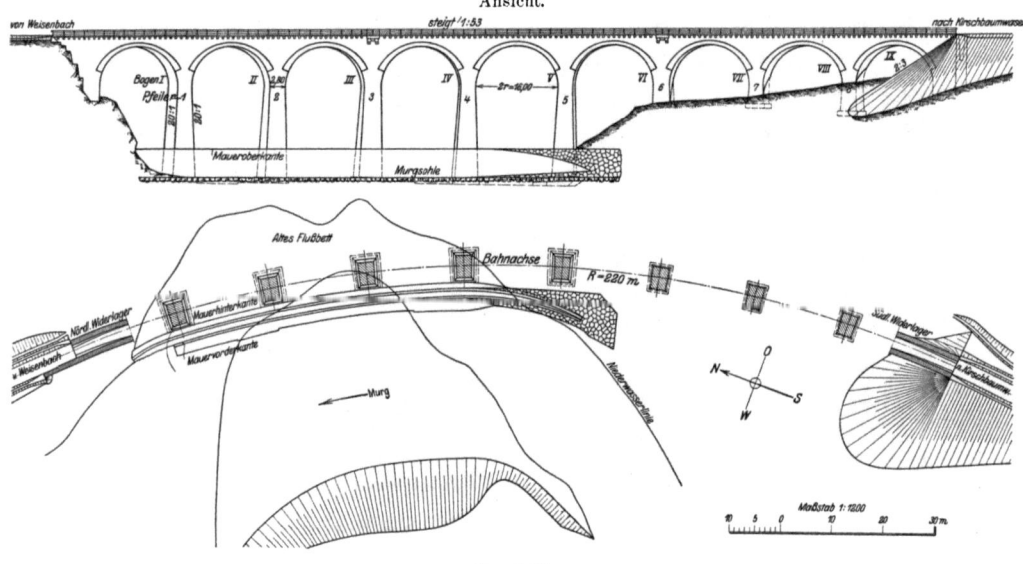

Abb. 44. Die Tennetschluchtbrücke.

Zur Beifuhr der Steine und des Mörtels für Pfeiler und Gewölbe ist ein Versetzgerüst einfachster Art, das aus vier Stockwerken gebildet war, auf der Bergseite des Bauwerks aufgestellt worden. Zwei Reihen, etwa 300 cm voneinander abstehende Ständer mit Beiständern stellen das Haupttragelement dar. Zu ihrer Verbindung und als Auflager für drei Längsträger mit den daraufliegenden Schwellen a waren die Querträger c eingezogen. Auf die Schwellen sind die Schienen des Gleises und Gedeckdielen aufgenagelt worden. Auf jedem Stockwerk war ein Gleis von 60 cm Spurweite, das durch eine Drehscheibe mit dem Aufzug in Verbindung stand, im untersten Stockwerk außerdem Anschluß an den Bremsberg und im obersten an das Baugleis der freien Strecke hatte.

Die Lehrgerüste sollten über den in Höhe des Bogenmittelpunktes in den Pfeilerschäften eingemauerten Kragsteinen über die 16 m jeder Öffnung freitragend aufgestellt werden.

Als die Maurerarbeit schon einige Zeit im Gange war, wurde mit der Unternehmung ein Bauprogramm vereinbart, das einen planmäßigen und raschen Arbeitsfortgang im Bau dieser, wegen ihrer Anlage und der Geländebeschaffenheit schwierigen Brücke gewährleisten

Die Bauausführung mit Bauprogramm.

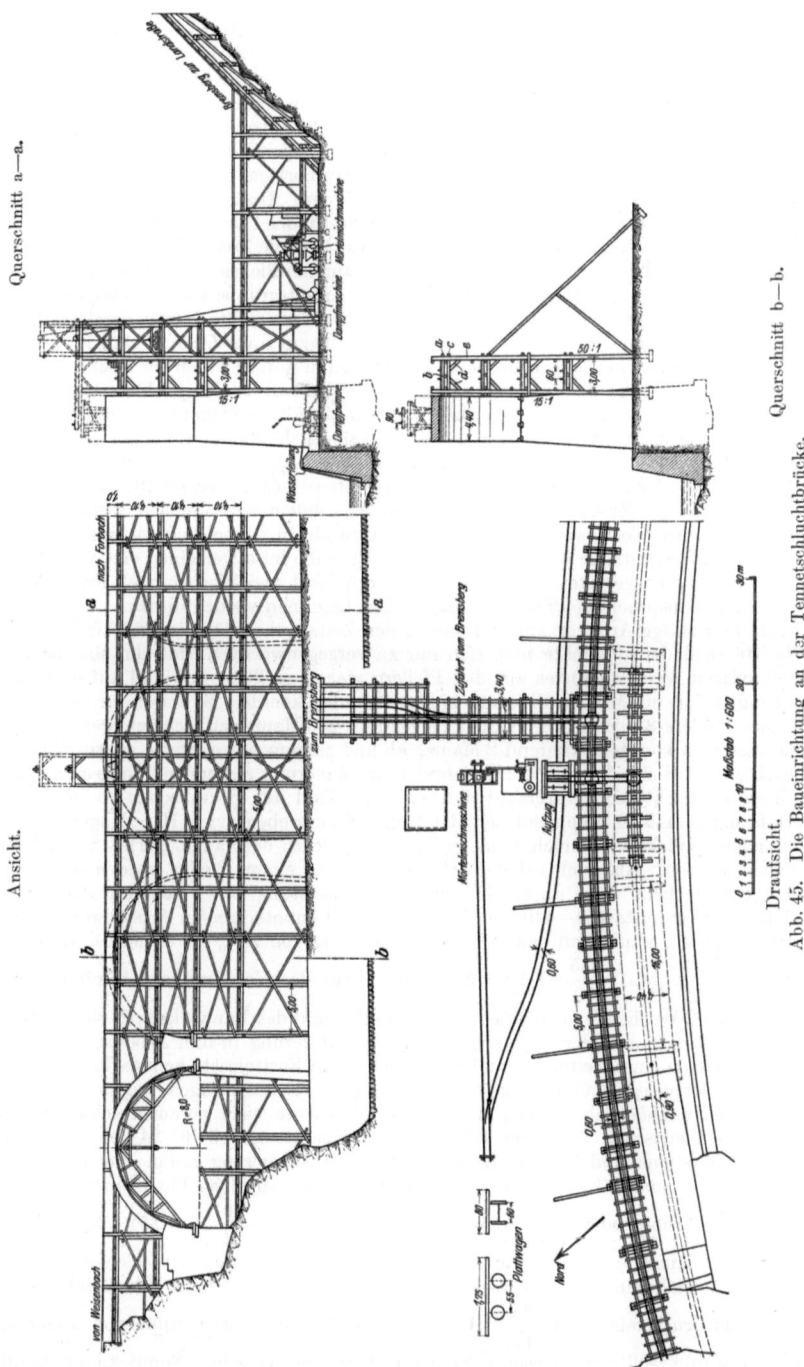

Abb. 45. Die Baueinrichtung an der Tennetschluchtbrücke.

sollte und in jeder Beziehung einen guten Einfluß auch ausgeübt hat. Es wurde dreierlei darin festgelegt und in einer besonderen Abb. 46 zeichnerisch dargestellt:
1. Der Arbeitsvorgang. 2. Die Arbeiterzahl. 3. Der wöchentliche Steinbedarf.

Für den Arbeitsvorgang entschloß man sich zur Anschaffung von drei Lehrgerüsten, so daß die neun Bögen in drei Gruppen zu je drei Bögen gewölbt werden konnten und nur einer der gleich stark ausgebildeten, hohen Pfeiler einen einseitigen Schub auszuhalten hatte. Zuerst sollten die drei niederen Pfeiler und das Endwiderlager auf der Südseite und ohne Unterbrechung die zugehörigen Bögen gemauert werden. Inzwischen konnten die bereits begonnenen Baugruben der Pfeiler im Flußbette ausgehoben und der umfangreiche Felsabtrag für das Nordwiderlager geleistet werden. Während die Zimmerleute auf der Südseite die Lehrgerüste aufstellten, konnten die Maurer am nördlichen Widerlager und an den drei hohen Pfeilern 1—3 arbeiten, welche die zweite Arbeitsgruppe bildeten und wohin nach Schluß der Südgruppe alle Maurer gingen. Im allgemeinen sollte immer an drei Pfeilern gearbeitet werden. Erst nachdem auch die Nordgruppe bis zur Kämpferhöhe fertig war, wurden die Pfeiler 4 und 5 auch hochgetrieben, deren unterer Teil zu Anfang wegen der rasch beendigten Baugrube schon hatte gemauert werden können. Hierbei trat jedoch eine Unterbrechung dadurch ein, daß inzwischen die Lehrgerüste in den drei südlichen Öffnungen ausgerüstet und über den drei nördlichen aufgeschlagen werden und sämtliche Maurer auf ihnen die drei Nordbögen I—III rasch wölben sollten. Zum Schlusse wurden die mittleren Bögen IV, V, VI mit Hilfe der in der Nordgruppe ausgerüsteten Gerüste hergestellt. Hierbei ergab sich ein zwingender Zusammenhang in der Arbeit, indem angenommen wurde, daß ein Lehrgerüst in einer Woche aufgeschlagen und ein Gewölbe in 2 Wochen fertig werden konnte, und indem andererseits verlangt wurde, daß ein Gewölbe im allgemeinen erst vier Wochen nach Wölbschluß ausgerüstet und an der Nordgruppe erst drei Wochen nach Fertigstellung des einseitig beanspruchten Pfeilers 3 mit Wölben begonnen werden durfte.

Um die richtige Arbeiterzahl und daraus den Zeitaufwand für die verschiedenen Bauabschnitte zu finden, brauchte man sich nur zu vergegenwärtigen, daß die Maurer wegen des einseitigen Versetzgerüstes auf den Pfeilern stehen mußten, und daß auf etwa 2 qm Querschnittfläche ein Maurer noch ungehindert arbeiten konnte. So waren für den unteren Teil eines Pfeilers 8 und für die Kämpfergegend etwa 6 Maurer zu rechnen, welche ständig Steine versetzen konnten, während 2 Maurer ab und zu gingen, um Steine auszusuchen und zuzurichten. Aus der Summe der gleichzeitig in Mauerung stehenden Pfeilerquerschnitte war hiernach leicht die Maurerzahl und auch die Zahl der Hilfsarbeiter zu bestimmen, da erfahrungsgemäß bei einem solchen Bau für 10 Maurer ebensoviele Handlanger und etwa 6 Steinhauer, welche die Schichtsteine entweder im Bruch oder am Lagerplatz bearbeiten, gebraucht werden. Als wöchentliche Arbeitsleistung an einem Pfeiler wurden 60 cbm angesetzt, entsprechend einer durchschnittlichen Tagesleistung von 1 cbm für den Maurer. Ein hoher Pfeiler hatte 430—440 cbm Mauerwerk und konnte in neun Arbeitswochen hochgetrieben werden, wenn man einen Sicherheitszuschlag von 25% für schlechte Witterung, Feiertage u. dgl. gab. $\frac{435}{60} \cdot 1{,}25 = 9$ Wochen. Für das Versetzen der 85 cbm Gewölbsteine wurden 2 Wochen angenommen. Aus dem Zustand des Bauwerks z. Z. des Entwurfs des Bauprogramms, aus der vorhin geschilderten Gliederung in drei Arbeitsgruppen, aus der eben berechneten Arbeiterzahl und dem zugehörigen Fortschritte konnte das Programm zeichnerisch festgelegt und die Linie des Maurerbedarfs aufgetragen werden.

Auch der wöchentliche Bedarf an Stein u. dgl. konnte leicht vorausberechnet werden. Nach der geometrischen Form der Pfeiler waren im unteren Teil für 24 cbm Mauerwerk 7 cbm Schichtsteine und 17 cbm Bruchsteine zur Ausmauerung nötig. Bei 10% Abfall bei den Schicht- und 25% bei den Bruchsteinen mußten für einen Pfeiler in einer Woche $\frac{60}{24} \cdot 7 \cdot 1{,}1 = 20$ cbm oder $\frac{20}{0{,}45} = 44$ qm Schichtsteine und $\frac{60}{24} \cdot 17 \cdot 1{,}25 = 53$ cbm Bruchsteine an die Baustelle geliefert werden, oder jederzeit mindestens ein solcher Vorrat auf den Lagerplätzen liegen. Für den oberen Teil der Pfeiler änderte sich das Verhältnis zwischen Schicht- und Bruchsteinen zu $\frac{25}{47}$. Ehe mit dem Wölben einer Gruppe von drei Bögen begonnen wurde, sollte der gesamte Steinvorrat angeliefert sein. Somit konnte endlich

Die Bauausführung mit Bauprogramm.

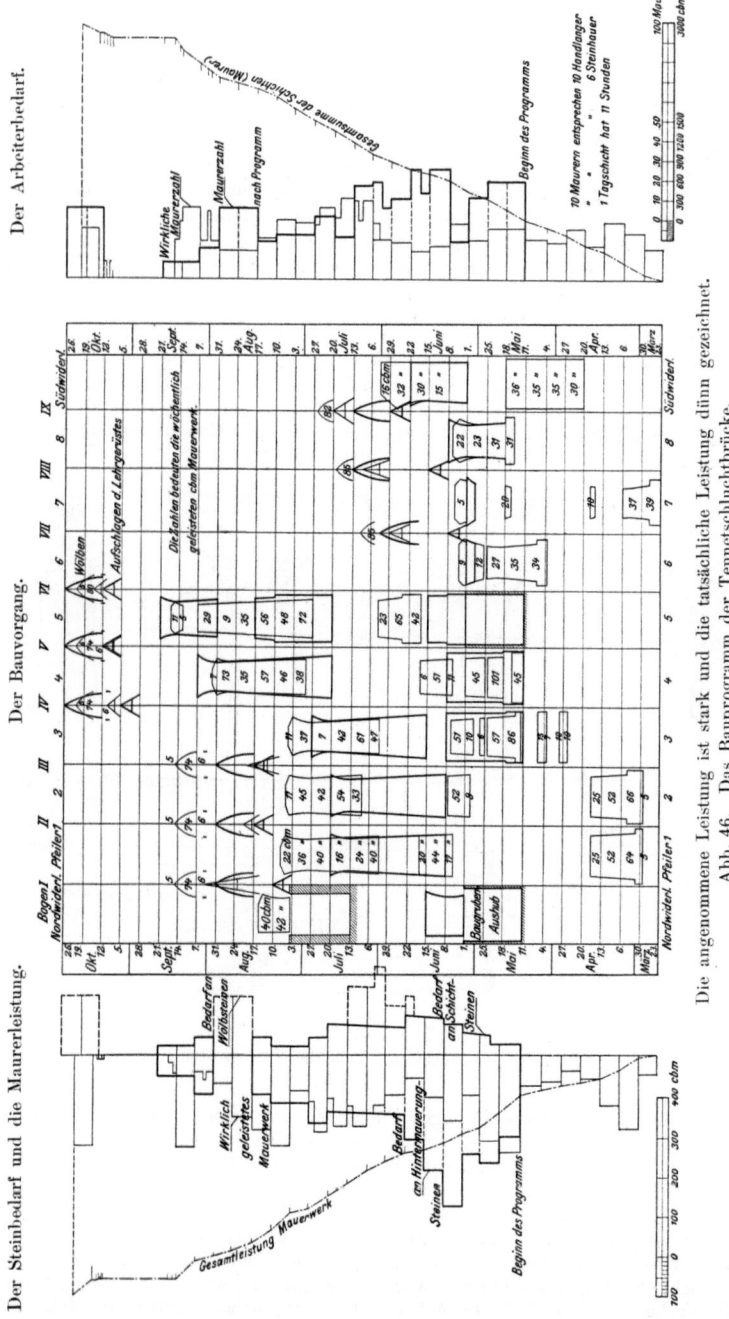

Die angenommene Leistung ist stark und die tatsächliche Leistung dünn gezeichnet.
Abb. 46. Das Bauprogramm der Temetschluchtbrücke.

auch die Linie gezeichnet werden, welche den jederzeit auf der Baustelle lagernden Steinvorrat anzeigt.

Wurden nach Ausweis des Programms bei der Arbeit an Pfeiler oder Gewölbe Maurer und Handlanger entbehrlich, so konnten sie bei der Aufmauerung über den Gewölben zuerst der Süd- und dann der Nordgruppe verwendet werden, so daß der durch den Höchstbedarf sich ergebende Arbeiterstand auch längere Zeit beim Bauwerk beschäftigt werden konnte.

Ende März war mit der Mauerung begonnen worden, und nach dem Programm hätten sämtliche Bögen Ende Oktober geschlossen sein sollen. Nur vom Schluß der Gewölbe hing das Verlegen des durchgehenden Baugleises und damit der Fortgang der anderen Bauarbeiten ab, und es wurde für die Übermauerung der Gewölbe daher nichts weiter bestimmt, als daß sie bis zum Vertragstermin beendet sein sollte.

Es war nun interessant, während des Baues an jedem Wochenende die Meereshöhe der Pfeiler und die tatsächliche Leistung festzustellen und in das Programm einzutragen (Abb. 46); es zeigte sich hierdurch sofort ein etwaiger Vorsprung oder Rückstand der Arbeit. Auch wurden genaue Aufzeichnungen in Abb. 46 über die Arbeiterzahl und den Mörtelverbrauch gemacht und so ermittelt, daß von 3846 Maurerschichten 3617 cbm Gesamtmauerwerk, also, ziemlich entsprechend der Annahme, von einem Maurer 0,94 cbm im Tag geleistet wurden. Die Arbeitseinteilung und vor allem der Endtermin für die letzte Gewölbegruppe wurde tatsächlich eingehalten; innerhalb jeder Gruppe ergaben sich Verschiebungen, welche im Abb. 46 mit dünnen Linien eingezeichnet sind.

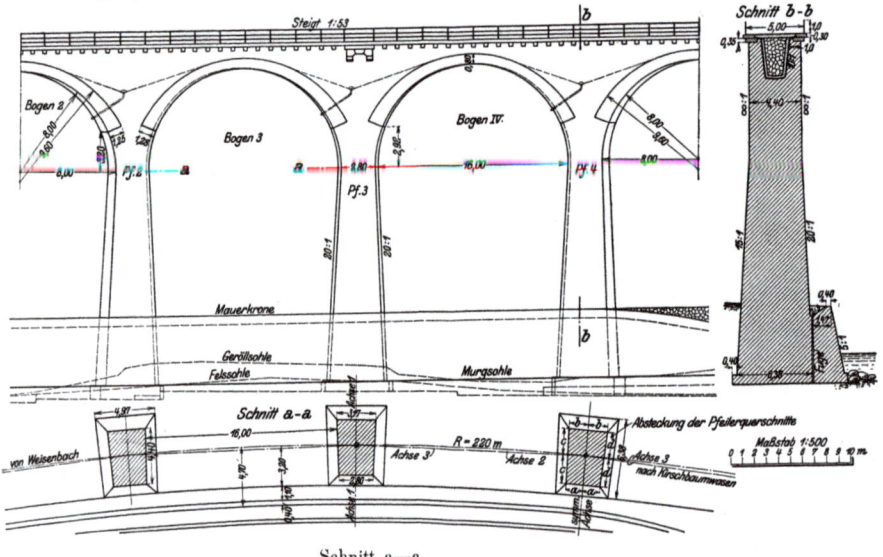

Abb. 47. Ansicht der drei höchsten Pfeiler der Tennetschluchtbrücke.

Um die im Querschnitt trapezförmigen Pfeiler mit den verschiedenen Stirnneigungen richtig hochzubringen, wurden auf dem flachen linken Ufer für jeden Pfeiler 2 mit dem Pfeilerachspunkt auf dem gleichen Kreishalbmesser liegende Punkte geschlagen und am Pfeilerfuß die Richtung deutlich im Mauerwerk eingespitzt. Der Theodolit wurde auf dem hintersten Punkte aufgestellt und sodann die Symmetrieachse 1 am obersten Schichtenkranz frisch angegeben (Abb. 47, Grundriß). Um richtige Querabmessungen zu erhalten, mußten bei 2 benachbarten Pfeilern immer auf dem einen Pfeiler der Achspunkt und beim anderen möglichst hoch oben auf der zugewendeten Sichtfläche ein Einhieb vorhanden sein, wodurch die Verbindungslinie 2, 3 der Achspunkte bestimmt war. Für jeden Meter Höhe wurden die Maße a, b, c, d einer Liste entnommen und von den drei Achsen 1, 2, 3 eines Pfeilers aus wagrecht angetragen und danach die Ecken frisch angesetzt. Für einen Pfeiler wurden 8—9 Wochen wirkliche Arbeitszeit gebraucht.

Das Aufschlagen eines Lehrgerüstes erforderte im Mittel 5 Tage und wurde durch die Kragsteine wesentlich erleichtert, da man über gegenüberliegende Kragsteine einer Öffnung vom Pfeilerhaupte Streckbalken legen und mit Dielen einen Arbeitsboden schaffen konnte. Darauf wurden die beiderseitigen Bogenschwellen gelegt und vorübergehend abgestützt; dann die 4 Paare Hauptstreben samt Hängesäule und wagerechter Doppelzange aufgestellt, wobei man mit dem flußseitigen Binder begann und vom Pfeilerhaupt und Arbeitsboden aus arbeitete. Zwischen die unteren Strebenstirnen und das Mauerwerk wurden Keile und Eisenbleche eingezogen, welche das Ausrüsten erleichterten. Die Streben erhielten sogleich ihren Querverband und trugen mit ihren wagrechten Doppelzangen einen zweiten Arbeitsboden, von dem aus die Kranzhölzer u. s. f. eingebaut werden konnten. Beim Abrüsten wurden die gleichen Hilfsböden benutzt. Nachdem die Schraubenspindeln aufgestellt waren, wurden die Binder kurz vor dem Wölben in ihre richtige Höhenlage gebracht; bei 6 cm Überhöhung des Binderscheitels waren die Spindeln mit 20 cm Hubhöhe auf 60 cm Gesamthöhe eingestellt. Um die Seitensteifigkeit des Gerüstes zu erhöhen, wurden zuerst am

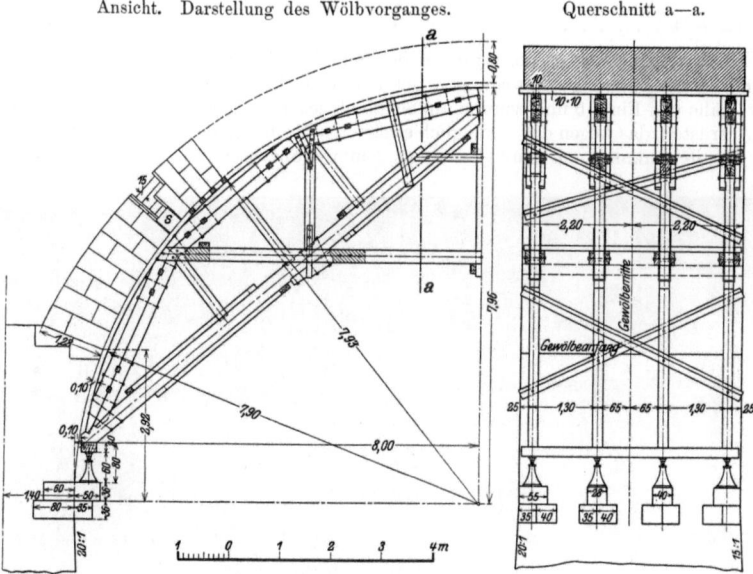

Die trocken versetzte Schicht ist mit S bezeichnet.
Abb. 48. Das Lehrgerüst der Tennetschluchtbrücke.

Kämpfer 4 Schichten versetzt und erst dann im Scheitel 2—3 Lagen Wölbsteine als Auflast aufgebracht. Nach weiteren 3 Schichten wurde die 8. Schicht trocken und nur in einer Steinstärke versetzt (vgl. Abb. 48). In rascher Folge wurde hierauf gegen den Scheitel weitergewölbt, wobei die dort lagernden Wölbsteine verwendet, und dadurch die Scheitellasten allmählich verkleinert wurden. Gegen Wölbschluß wurden die Holzstempel, welche die vollversetzte 10. Schicht trugen, spannungslos und konnten entfernt werden. Nach Versetzung des Schlußsteines wurden die leeren Lagerfugen der 8. Schicht mit Mörtel vollgestampft und beiderseits die Gewölblücken geschlossen. Der Zementmörtel 1 : 3 wurde so steif angemacht, daß er sich in die Fugen einstampfen ließ, und wurde durch das Schalholz unter der Lager- und das Fugenholz unter der Stoßfuge vor dem Auslaufen bewahrt. Das frische Mauerwerk wurde abgedeckt und viermal im Tag begossen, um ein rasches Verdunsten des Mörtelwassers zu verhindern und ein langsames Abbinden und damit eine große Festigkeit des Mörtels zu erzielen.

Die südliche Gewölbegruppe war wie bei Langenbrand ohne die trockene Schicht hergestellt worden, und es wurden während und nach der Mauerung bei allen 3 Bögen 1—2 m über dem Kämpfer Risse im Fugenmörtel beobachtet; die 6 anderen Gewölbe blieben jedoch ohne Fehler. Um die Scheitelbewegungen zu beobachten, wurde an jedem Morgen die Meereshöhe eines jeden Binders und der Bogenschwelle gemessen, und aus dem Unterschied beider Änderungen die Zusammenpressung des Lehrgerüstes gefunden. Diese Verkleinerung des Bogenpfeiles, welche zum Teil eine Folge des festeren Schlusses der Holzverbindungen unter der Einwirkung der wachsenden Auflast, zum Teil aber auch elastischer Natur war, wird in der Reihenfolge, in der sie gefunden wurde, in Millimeter angegeben.

Liste 33.

Bogen	9	8	7	1	2	3	4	5	6
Binder 1	20	39	10	38	16	7	59	23	16
„ 2	16	48	3	42	22	14	32	22	15
„ 3	22	64	0	42	26	16	34	19	18
„ 4	23	73	—7	44	16	11	29	17	13
Mittel aus 1—4	20	56	2	42	20	12	39	18	16

Das Mittel der 36 Beobachtungen der Scheitelsenkung eines Lehrgerüstbinders ist 25 mm. Ungleichmäßige Bewegungen der einzelnen Binder eines Bogens waren nur in Scheitelnähe von Einfluß und wurden am Schalholz leicht ausgeglichen. Die Gewölbe hatten beim Ausrüsten, das wegen des vorzüglich erhärteten Mörtels bereits nach 3 Wochen erfolgte, keine Scheitelsenkung; nur einmal wurden 2 mm beobachtet.

Abb. 49. Ansicht der Tennetschluchtbrücke während der Arbeit an der zweiten Wölbgruppe nach Schluß der Scheitel aber vor Schluß der achten Schichten.
Die Arbeitsbögen für die Lehrgerüste liegen noch auf den Kragsteinen.

Der tatsächliche Aufwand an Arbeit und Mörtel für den Kubikmeter Gewölbemauerwerk beträgt als Mittel der hier in Liste 34 wiedergegebenen neun Beobachtungen 0,93 Maurerschicht, 0,265 cbm Zementmörtel oder 121 kg Zement.

Liste 34.

Bogen	1	2	3	4	5	6	7	8	9
Maurerschicht	0,85	0,90	0,78	1,09	0,97	1,21	0,79	0,80	1,00
Mörtel cbm	0,240	0,236	0,240	0,256	0,256	0,256	0,275	0,313	0,315
Zement kg	114	113	114	112	112	112	125	142	144

An dem hohen Pfeiler 3, der während der Arbeit an der nördlichen Bogengruppe einseitigen Schub auszuhalten hatte, waren die Spannungen unter der Last des eingerüsteten Bogens III zu 7,5 Druck und 0,4 kg/cm² Zug berechnet worden. Die Bewegung des Pfeilerhauptes wurde sorgfältig gemessen, und da man ein Mitgehen der Pfeiler 1 und 2 vermutete, hatte man auch bei ihnen oben mitten in der flußseitigen wagrechten Kante einen wagrechten Maßstab angebracht und mit einem Theodolit, der jeweils auf dem zugehörigen linksufrigen Punkte der Pfeilerachse stand, den Ausschlag gemessen. Die sorgfältigen Messungen ergaben deutlich eine Bewegung der Pfeilerköpfe, welche mit dem Fortschritt der Gewölbemauerung zunahm; sie stehen als Millimeter in Liste 35.

Liste 35.

	Tag	Ausschlag von Pfeiler		
		1	2	3
Lehrgerüst ohne Scheitellast, 0 Schichten versetzt	3. IX.	0	0	0
„ mit teilweiser Scheitellast, 4 Schichten versetzt	7. IX.	1	1	4
„ „ ganzer „ 8 „ . .	8. IX.	1	1	5
„ „ teilweiser „ 12 „ . .	9. IX.	1	1	5
Gewölbe geschlossen	14. IX.	1,5	1	5
Bogen I und II ausgerüstet	3. X.	2,5	—	5
„ III „	10. X.	2,5	—	6

Ehe man den Bogen III ausrüstete, hatte man Bogen I und II schon ausgerüstet, die Gerüste in Bogen IV und V aufgestellt und den Scheitel von V belastet. Durch diese Maßnahme wurde die Pfeilerbewegung beim Ausrüsten im Bogen III auf 1 mm heruntergedrückt. Das Mauerwerk hatte inzwischen neun Wochen Zeit zum Erhärten gehabt.

Da die Maßstäbe inzwischen versehentlich von den Maurern wie schon früher bei Pfeiler 2 entfernt worden waren, konnte nicht festgestellt werden, ob der Ausschlag sich nach Schluß der 3 noch fehlenden Bögen IV—VI vermindert hat. Die Pfeilerbewegungen waren wohl rein elastische; bei dem guten Steine und Mörtel und der tadellosen Maurerarbeit wurden sofort und auch später beim Ausfugen nirgends Fugenrisse gefunden.

Nach Schluß aller Bögen wurden die Bogenzwickel und Stirnmauern von der Brücke selbst aus gemauert und dabei durch Ausrunden der Stirnmauern im Grundriß und verschieden weites Vorsetzen der Kragsteine und Abdeckplatten der polygonale Zug der Gewölbe nach oben in eine gleichmäßige Krümmung übergeführt. Die Abdichtung geschah im Sommer 1909 wie bei Langenbrand mit einem Zementglattstrich der Innenflächen, der alle Ecken und Kanten ausrundete und auf den eine Lage von Asphaltfilzplatten aufgeklebt wurde. Gleichen Schritt damit hielt das Einbringen der Schutzschichte aus Sand und der Auspackung aus Granit sowie das Versetzen der Abdeckplatten, unter welchen der Asphaltfilz oben endigte. Statt Wassernasen anzubringen, wurden die Abdeckplatten nach außen geneigt, so daß das Wasser rasch abfließt und nicht an den Stirnmauern herunterläuft. Die Entwässerung hat sich bis jetzt bewährt. Nach dem Ausfugen der Sichtflächen bildete das Anbringen eines Geländers aus Winkeleisen 50/50/7, welches mit Fußwinkeln an den Platten abnehmbar befestigt ist, den Abschluß der Arbeit. Weder beim Rüsten noch beim Mauern ereignete sich ein schwerer Unfall; nur beim Abladen von Sand am Fuß des Bremsbergs verlor ein Arbeiter sein Leben.

Für das ganze Bauwerk mit Ufermauer wurden während 21 Monaten Bauzeit 1740 cbm Baugrubenaushub und 6250 cbm Mauerwerk ausgeführt. Nach der Abrechnung wurden mit Rüstung und Wasserhaltung 217 000 M. ausbezahlt, so daß 1 cbm Mauerwerk mit allen Nebenleistungen 34,70 M. kostet oder 1,9 mal dem Einheitspreis für gewöhnliches Bruchsteinmauerwerk.

II. Das Versetzgerüst.

Auf dem 60 cm weiten Gleis des Versetzgerüstes verkehren Plattwagen folgender Art, die von Hand verschoben werden und die auf Abb. 45 gezeichneten Abmessungen haben.

Eigengewicht des Wagens	200 kg
Auflast $1{,}75 \cdot 0{,}80 \cdot 0{,}55 \cdot 2{,}4$	1800 ,,
Gesamtlast	2000 ,,
Achsdruck	1000 ,,
Raddruck	500 ,,
Spez. Gewicht des Holzes	0,7

Als größte Zug- und Druckspannung des Holzes wird 80 kg/cm², als mindeste Knicksicherheit eine fünffache zugelassen. Die Verkehrslast wird mit ihrem einfachen Betrag eingeführt. Zwecks einfacherer Rechnung wurden sämtliche Hölzer freiaufliegend angenommen, auch wenn sie auf mehreren Stützen lagerten.

Für die nur aus Rundholz bestehenden Tragglieder ergeben sich hiermit folgende Stärken (Abb. 45 Querschnitt b—b S. 81):

	⌀	σ		Knicksicherheit
Schwelle a	15 cm	∓ 49	kg/cm²	
Längsträger b	30 ,,	∓ 66	,,	
Querträger c	32 ,,	∓ 80	,,	
Strebe d	12 ,,	+ 10	,,	15
Ständer e	20 ,,	+ 20	,,	6

Jeder Ständer besteht aus zwei Rundhölzern, wovon abwechselnd eines den Querträger trägt und das andere als Beiständer zur Stoßdeckung durchgeht. Sie sind durch Stricke und in regelmäßigem Strebenzug eingeschlagene Klammern zu einem einheitlichen Tragglied verbunden. Jede Ständerwand wird durch schräg über 2 Felder reichende Rundstangen unverschieblich gemacht. In den beiden oberen Stockwerken werden um einige Ständer, welche neben den Pfeilern stehen, Rundeisen geschlungen, die eingemauert werden; sie sichern im Verein mit einigen Schubstangen die Standfestigkeit in der Quere.

III. Das Lehrgerüst.

Das Lehrgerüst wurde für anderthalbfache äußere Last unter Vernachlässigung des Eigengewichtes als Zweigelenkfachwerkbogen berechnet und entsprechend ausgebildet.

a) Das Schalholz.

Einheitsgewicht des Mauerwerks	2,4
Binderentfernung	130 cm
Zulässige Zug- und Druckspannung des Holzes	±80 kg/cm²
,, Schubspannung längs der Faser	20 ,,
,, Beanspruchung des Eisens auf Zug und Druck	1200 ,,
,, ,, ,, ,, ,, Schub	800 ,,

Das Schalholz wurde für einfache Last gerechnet und wie bei diesem Bau üblich 10/10 cm stark angenommen. Auch in den Tunnels wurden die gleichen Schalhölzer verwendet, so daß sie vielseitig gebraucht und richtig ausgenutzt werden konnten.

Die größte zulässige Entfernung x zweier Schalhölzer wurde zu 33 cm berechnet. Gegen den Kämpfer durfte x in umgekehrtem Verhältnis zu dem abnehmenden Druck der Auflast auf das Schalholz größer werden.

b) Die Kranzhölzer. Der radiale Druck der Wölbsteine auf die Kranzhölzer wurde auf Abb. 50 nach bekannter Art für $\operatorname{tg}\varphi = 0{,}488$ gezeichnet. Die Belastungshöhen sind in ihrem einfachen Betrag ebenda dargestellt, wurden aber wegen der Erschütterung um die Hälfte vermehrt in die Rechnung eingesetzt.

Das Lehrgerüst.

Das Kranzholz besteht aus 2 Balken 22·20 und 20·20 cm, welche durch je 4 Dübel 8·12 und 6 Schrauben mit Ø 2 cm zu einem vollen Tragglied verbunden sind. Die Bogenkrümmung wird durch ein Futterholz hergestellt (Abb. 51 S. 92).

Stab	o_1	o_2	o_3	
Spannung ohne Hilfsständer	3,5	46,7	72,3	kg/cm²
„ mit „	—	15,9	21,7	„

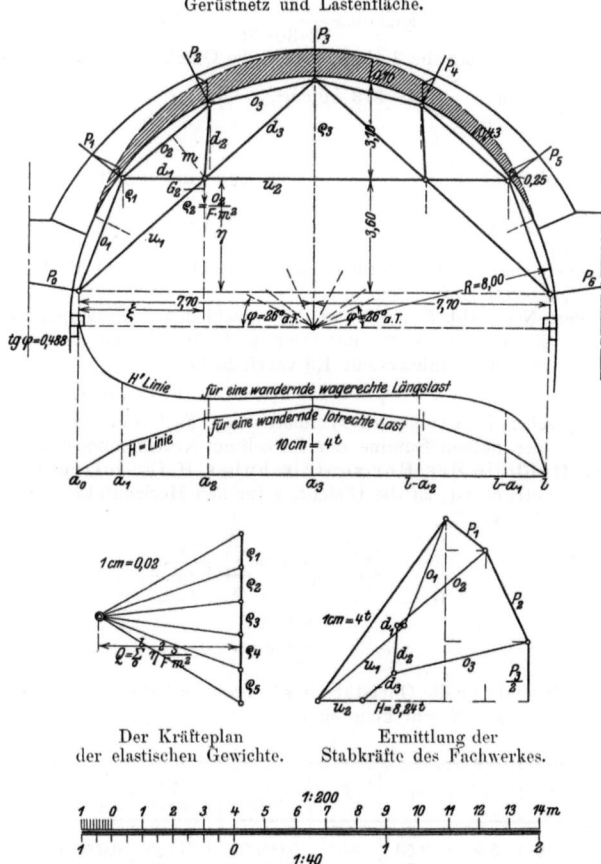

Abb. 50. Das Lehrgerüst der Tennetschluchtbrücke.

Die Beanspruchung der Schrauben und Dübel ist am größten bei Stab o_3 (Abb. 50, 51). Die Trennungsfuge der beiden Balken hat von der Schwerachse den Abstand $v = 1$ cm und in der Entfernung x vom linken Lager die Schubspannung

$$\tau = Q \frac{1{,}5\,h^2 - 6\,v^2}{b\,h^3}.$$

Die Summe der Schubspannungen der einen Trägerhälfte ist

$$S = \int_0^{\frac{l}{2}} \tau\, b\, dx = A \frac{l}{4} \frac{1{,}5\,h^2 - 6\,v^2}{h^3}.$$

Für den Stab o_3 wird $S = 1{,}51 \cdot A = 7920$ kg.

Für die 1. Annahme, daß die Schrauben unwirksam bleiben, berechnet sich folgende Beanspruchung der Dübel:

Stirndruck $\sigma = \dfrac{S}{2 \cdot 20 \cdot 4} = 50$ kg/cm²,

Scherbeanspruchung $\tau = \dfrac{S}{2 \cdot 20 \cdot 12} = 17$ kg/cm²,

Scherbeanspruchung des Kranzholzes $\dfrac{S}{2 \cdot 30 \cdot 20} = 6{,}6$ kg/cm².

Für die 2. Annahme, daß die 3 Bolzen allein die Querkraft aufnehmen, ist die Scherbeanspruchung im Eisen $\dfrac{S}{3 \cdot \pi \cdot \dfrac{3^2}{4}} = 373$ kg/cm²,

der größte Lochleibungsdruck $\dfrac{S}{3 \cdot 3 \cdot 17} = 52$ und die größte Scherbeanspruchung des Holzes $\dfrac{S}{3 \cdot 22 \cdot 22} = 6$ kg/cm².

In Wirklichkeit sind die Beanspruchungen etwas kleiner, weil die Dübel und Bolzen zusammen die Querkraft aufnehmen.

c) Der Binder. Nach Abb. 50 greifen an den verschiedenen Knotenpunkten die radialen Kräfte P_0, P_1, P_2, P_3 an. Sie werden mit ihrem einfachen Betrage eingesetzt und die gefundenen Spannungen zum Schlusse mit 1,5 vervielfacht.

$$P_0 = 0{,}09, \quad P_1 = 3{,}22, \quad P_2 = 6{,}42, \quad P_3 = 7{,}64 \text{ t}.$$

Bei symmetrischer Belastung des symmetrischen Fachwerkbogens ist der lotrechte Lagerdruck gleich der halben Summe der lotrechten Kraftkomponenten, $A = 11{,}50$ t.

1. **Die Einflußlinie des Horizontalschubes H für lotrechte Last.** Da der Träger völlig symmetrisch ist, ist die Gleichung für den Horizontalschub:

$$H = \dfrac{\sum\limits_0^a \dfrac{\xi \eta s}{F m^2} + a \sum\limits_a^{\frac{l}{2}} \dfrac{\eta s}{F m^2}}{\sum\limits_0^l \dfrac{\eta^2 s}{F m^2}}.$$

In der Liste 36 sind nur die Gurtstäbe des Trägers enthalten, da die elastischen Werte der Streben erfahrungsgemäß sehr klein sind.

Liste 36.

	s	ξ	η	m	F	$\dfrac{\eta s}{F m^2}$	$\xi \dfrac{\eta s}{F m^2}$	$\dfrac{\eta^2 s}{F m^2}$	a	H
o_1	3,90	4,10	3,60	2,50	840	0,002 75	0,011 28	0,009 90	0	0
o_2	3,70	4,10	3,60	1,70	840	0,005 48	0,022 47	0,019 73	1,40	0,200
o_3	3,50	4,10	3,60	2,25	840	0,002 96	0,012 14	0,010 66	4,20	0,365
u_1	5,50	1,40	3,60	1,75	600	0,010 78	0,015 09	0,038 81	7,70	0,442
u_2	7,20	7,70	6,70	3,10	500	0,010 04	0,077 31	0,067 27		

Bei der zeichnerischen Ermittlung von H auf Abb. 50 denkt man sich für jeden Gurtstab sein elastisches Gewicht $\rho = \dfrac{\eta \cdot s}{F m^2}$ in seinem Gegenpunkte lotrecht wirken. Zu dem Kräfteplane der ρ zieht man mit dem Polabstande $Q = \sum\limits_0^l \eta^2 \dfrac{s}{F m^2}$ ein Seilpolygon, dessen Ordinaten von der Schlußlinie aus gemessen die Werte der gesuchten Einflußlinie sind.

Die lotrechten Komponenten der Kräfte P erzeugen den Horizontalschub $H_1 = 8{,}50$ t.

2. **Die Einflußlinie des Horizontalschubs H' für wagrechte Längslast T.** Die Last T liegt um t über den Kämpferlinien und um a vom linken Lager entfernt. Die allgemeine für jeden Fachwerkbogen mit zwei Gelenken gültige Gleichung für H' ist:

Das Lehrgerüst.

$$H' = \frac{\sum_0^l \mathfrak{M} \eta \frac{s}{F m^2}}{\sum_0^l \eta^2 \frac{s}{F m^2}}; \quad \xi < a \; \mathfrak{M} = -\frac{t}{l} \cdot \xi, \; \xi > a \; \mathfrak{M} = -\frac{t}{l} \cdot \xi - (\eta - t).$$

Damit findet sich der Horizontalschub bei wagrechter Längslast für den symmetrischen Fachwerkbogen:

$$H' = \frac{t \sum_a^{\frac{l}{2}} \frac{\eta s}{F m^2} + \sum_0^a \eta^2 \frac{s}{F m^2}}{\sum_0^l \eta^2 \frac{s}{F m^2}} - 1.$$

Aus der Liste 36 können alle Summenglieder gebildet werden.

$$\begin{aligned} a &= 0 \quad 1{,}40 \quad 4{,}20 \quad 7{,}70 \text{ m.} \\ t &= 0 \quad 3{,}60 \quad 6{,}00 \quad 6{,}70 \text{ m.} \\ 1 + H' &= 0 \quad 0{,}431 \quad 0{,}516 \quad 0{,}500 \text{ t.} \end{aligned}$$

Die zugehörigen symmetrischen Werte ergänzen sich zu -1 (Abb. 50). Die Horizontalkomponenten T von P_4, P_5 sind 2,6 und 2,9 t. Sie erzeugen einen ihnen entgegengesetzten Schub am linken Lager von $-2{,}88$ t. Die Horizontalkomponenten von P_1, P_2 erzeugen am linken Lager den ihnen entgegengesetzten Schub von $+2{,}62$ t. Somit erzeugen die äußeren Kräfte am linken Lager den Schub $H_2 = -0{,}26$ t. Aus dem Horizontalschub H_1 der lotrechten und H_2 der wagrechten Komponenten setzt sich der endgültige Schub $H = H_1 + H_2 = 8{,}50 - 0{,}26 = 8{,}24$ t. zusammen. Die Untersuchung zeigt, daß es bei einem steifen Lehrgerüst genügt, nur für die lotrechten Lasten den Schub zu bestimmen.

3. **Die inneren Kräfte.** Im Abb. 50 wurden die einzelnen Stabkräfte durch einen Kräfteplan nach Cremona gefunden. Die Liste 37 gibt die einzelnen Stabquerschnitte und die Stabspannungen.

Liste 37.

	o_1	o_2	o_3	u_1	u_2	d_1	d_2	d_3
Stabkraft, t	7,3	7,5	9,0	7,3	2,9	$-$ 0,4	3,1	2,7
Querschnitt, cm²	840	840	840	600	500	500	400	600
Spanung σ, kg/cm² . . .	$-$ 8,7	$-$ 8,9	$-$10,7	$-$12,1	$-$ 5,8	$+$ 0,8	$-$ 7,8	$-$ 4,5
1,5 σ, „ „ . . .	$-$13,1	$-$13,4	$-$16,1	$-$18,2	$-$ 8,7	$+$ 1,2	$-$11,7	$-$ 6,8

($-$ Druck, $+$ Zug.)

Die Obergurtstäbe haben als Kranzhölzer auch Biegungsspannung, welche zu der achsialen Spannung zu addieren ist. Ohne die Hilfsständer hätten sie zu kleine Sicherheit gegen Ausknicken. Die Liste 38 gibt eine Übersicht über die tatsächlichen Spannungen im Fachwerk.

Liste 38.

		Größte Druckspannung kg/cm²	Knicksicherheit
Ohne Hilfsständer	o_1	$-$ 16,6	11
Mit „	o_1	—	—
Ohne „	o_2	$-$ 60,1	3
Mit „	o_2	$-$ 29,3	6
Ohne „	o_3	$-$ 88,4	2
Mit „	o_3	$-$ 37,8	5
	u_1	$-$ 18,2	7
	u_2	$-$ 8,7	11
	d_1	$+$ 1,2	—
	d_2	$-$ 11,7	20
	d_3	$-$ 6,8	23

4. **Die Berechnung der Knotenpunkte** (Abb. 51). Die Wirkung der Verzapfung usw. wurde in der Rechnung nicht berücksichtigt.

Als Beispiel der Berechnung eines Knotenpunktes werde zunächst jene des linken Lagers durchgeführt. $O_1 = +11\,000$ kg, $U_1 = +11\,000$ kg, $H = 1{,}5 \cdot 8240 = 12\,360$ kg, $A = 1{,}5 \cdot 11\,500 = 17\,250$ kg. Durch die Übertragung von H entsteht die Druckspannung $\frac{12\,360}{15 \cdot 20} = -41{,}2$, jene von A verursacht $\frac{17\,250}{30 \cdot 20} = -28{,}8$ kg/cm². Die Stirnflächen des Stabes O_1 haben eine Beanspruchung von $\frac{11\,000}{25 \cdot 20} = -55$ kg/cm². O_1 verursacht eine Scherspannung an U_1 in der Größe von $\frac{U_1}{2 \cdot 20 \cdot 20} = \frac{11\,000}{800} = 14$ kg/cm². Die Beanspruchung von U_1 ist tatsächlich aber kleiner, da an der Kraftübertragung auch die beiden Bolzen teilnehmen.

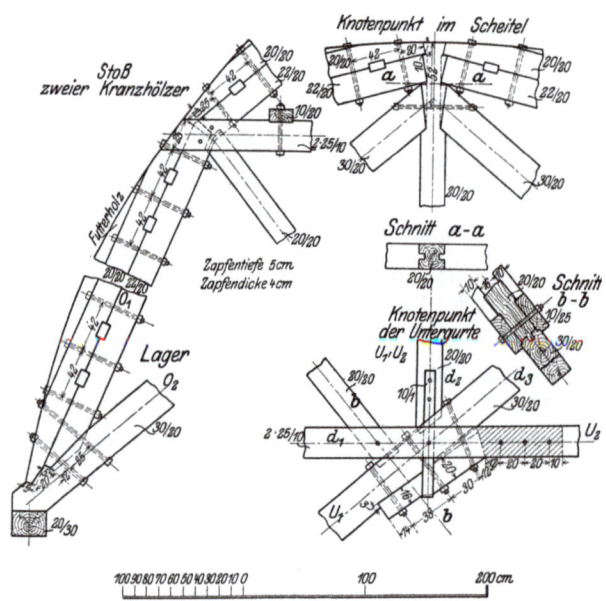

Abb. 51. Einzelheiten vom Lehrgerüst der Tennetschluchtbrücke.

Knotenpunkt der Untergurt U_1, U_2. $U_1 = +11\,000$, $D_1 = -600$, $D_2 = +4700$, $D_3 = +4100$, $U_2 = +4400$ kg. Der Zug von D_1 geht durch einen zweischnittigen Bolzen $\Phi = 3$ cm nach U_1 über, $\frac{600}{2 \cdot 7{,}07} = 42$ kg/cm²; der Lochleibungsdruck ist $\frac{600}{3 \cdot 20} = 10$ kg/cm². Die Scherspannung von U_1 durch den Zugbolzen ist $\frac{600}{20 \cdot 22} = 1{,}4$ kg/cm². U_2 geht durch die drei zweischnittigen Bolzen in das Futterholz und dann durch reine Druckübertragung nach U_1 über. Die Scherspannung der drei Bolzen ist $\frac{4400}{3 \cdot 2 \cdot 7{,}07} = 104$ kg/cm², der Lochleibungsdruck ist $\frac{4400}{3 \cdot 20 \cdot 3} = 25$ kg/cm². Der am meisten links gelegene Bolzen beansprucht die Scherfestigkeit des Futterholzes auf $\frac{4400}{3 \cdot 17 \cdot 20} = 4{,}3$ kg/cm². Von U_2 gehen 2200 kg durch die 3 langen Bolzen und die 3 cm tiefe Einkerbung nach U_1

über. Wirkt nur die Einkerbung, so entsteht dort ein Druck von $\frac{2200}{3\cdot 20} = 37$ und wirken allein die drei Schrauben, so entsteht in ihnen eine Schubspannung von $\frac{2200}{3\cdot 7{,}07} = 101$ kg/cm² mit einem Lochleibungsdruck von $\frac{2200}{3\cdot 16\cdot 3} = 15{,}3$ kg/cm².

Im Knotenholz entsteht am oberen Ende die größte Scherspannung von $\frac{2200}{3\cdot 20\cdot 12} = 3$ kg/cm². Wenn D_2 seinen Druck durch einen Bolzen an U_1 abgibt, so wird in diesem die Schubspannung von 42 kg/cm² erhöht um $\frac{4700}{2\cdot 7{,}07} = 333$ zu insgesamt 375 kg/cm². Der Lochleibungsdruck dieses Bolzens würde sich erhöhen auf $\frac{4700}{3\cdot 20} = 79$ kg/cm². Der Lochleibungsdruck im 1 cm starken Flacheisen würde betragen $\frac{4700}{2\cdot 1\cdot 3} = 790$ kg/cm². In Wirklichkeit soll so gearbeitet sein, daß die ganze Kraft von D_2 durch die Holzstirn unmittelbar nach U_1 geht.

d) Die Belastung einer Stockwinde.

Gewicht vom Holz $\frac{24{,}45 \cdot 0{,}7}{8}$ = 2,14 t
„   „   Eisen $\frac{1{,}560}{8}$ = 0,20 t
„   „   Gewölbe 1,5 · 11,5 = 17,26 t
Belastung der Schraubenspindel 19,60 t.

Die zulässige Tragkraft der verwendeten Schraubenspindeln betrug 30 t.

e) Die Standfestigkeit gegen Wind. Die breite Auflagerung bei geringer Höhe sowie der starke Querverband aus einem doppelten Strebenkreuz und 4 Doppelzangen verbürgten die Sicherheit des ganzen Lehrgerüstes auch nach der Quere.

IV. Der Zeug- und Arbeitsaufwand.

Das Versetzgerüst. Zeugaufwand. Für 1 lfm eines Stockwerkes mit vollem Bohlenbelage sind erforderlich: Schwellen 0,39, Bohlen 0,88, zusammen 1,27 cbm Holz.

Für ein Gerüstfeld von 5 m Breite, 20 m Höhe und 3 m mittlerer Tiefe wird gebraucht: Holz 10,81 cbm, Eisen 50 kg (Klammern mit Φ = 20 mm).

Für 1 qm Ansicht der Rüstung wird gebraucht: Holz 0,108 cbm, Eisen 0,50 kg.

Für 1 cbm des Rüstraumes ist nötig: Holz 0,036 cbm, Eisen 0,17 kg.

Bei einer Gesamtansichtsfläche des Versetzgerüstes von 2540 qm beläuft sich der Zeugaufwand: Holz 275 cbm, Eisen 1270 kg. Bei der Sichtfläche und beim Aufwand sind der Aufzug und die Zufahrt zum Bremsberg mitgerechnet.

Arbeitsaufwand. Am 1. Stockwerk wurde von 10 Mann 5 Wochen lang, am 2. von 10 Mann 3 Wochen, am 3. von 10 Mann 4 Wochen und am 4. Stockwerk von 10 Mann 6 Wochen lang gearbeitet. Mit dem viermaligen Legen des Gleises auf dem Versetzgerüste und dem Verbringen des Holzes von der Landstraße auf die Baustelle wurden insgesamt 1530 Tagschichten auf die ganze Rüstung verwendet.

Das Lehrgerüst. Zeugaufwand. Es wird der Holzbedarf für ein Lehrgerüst, der der Bestellung zugrunde lag, angegeben.

Schalholz . . . . 3,25 cbm
Kantholz . . . . 21,52 „
Hartholz . . . . 0,08 „
Zusammen Holz . . . . 24,85 cbm
Eisen ohne Spindeln . . . . . . 1044 kg

Arbeitsaufwand. Ein Lehrgerüst erforderte im Mittel an Tagschichten für Abbinden 80, Aufstellen 32, Abrüsten 11 Tagschichten. Beim Aufstellen des Gerüstes ist die Beifuhr von Holz und Eisen zur Baustelle und das Aufbringen der Schalhölzer nicht eingerechnet. Die Schalhölzer wurden erst kurz vor Beginn des Wölbens von den Maurern aufgebracht. Auch die Wegfuhr von Holz und Eisen nach dem Abrüsten blieb außer Betracht. Da jedes Lehrgerüst 3 mal verwendet wurde, beträgt der auf ein Gewölbe bezogene Arbeitsaufwand: Abbinden 27, Aufrüsten 32, Abrüsten 11 Tagschichten. Die beste Leistung, die beim Ab- und Aufrüsten eines Lehrgerüstes von den Zimmerleuten erzielt wurde, betrug $10 \cdot 3 = 30$ Schichten in einem Zeitraum von 3 Tagen.

V. Der Einheitsaufwand.

Das Versetzgerüst. Von dem Versetzgerüst aus wurden die Pfeiler und Endwiderlager, die Gewölbe und Hintermauerung ausgeführt und der größere Teil der Stirnmauern hochgetrieben, zusammen 4720 cbm Mauerwerk. Das Gesamtmauerwerk der Brücke ohne Ufermauer beträgt jedoch 5150 cbm, und diese Masse ist den Einheitsberechnungen zugrunde gelegt in Liste 40, Seite 99.

Das Lehrgerüst. Der Zeug- und Arbeitsaufwand wird auf die früheren Einheiten bezogen und als Spannweite 16 m, als Höhe jene über dem Kreismittelpunkt mit 8 m angesetzt. Die Einzelzahlen sind in Liste 39 enthalten. Beim Arbeitsaufwand ist die 3 malige Verwendung des Lehrgerüstes insofern berücksichtigt, als die Arbeitszeit für das Abbinden mit ihrem dritten Teile eingesetzt ist.

---

4. Die Rappenschluchtbrücke.
I. Die Bauausführung.

Gleich 500 m oberhalb der Tennetschlucht liegt eine zweite Schlucht, durch welche die Murg noch im schärferen Bogen und größeren Gefälle braust (Abb. 38, S. 72). Die im Bogen von 220 m und einer Steigung von 1 : 53 liegende Bahn übersetzt sie mit der Rappenschluchtbrücke. Der innere Winkel der Schlucht war mit Geröll angefüllt, welches zum Teil von der 18 m oberhalb liegenden Landstraßenverlegung stammte und für kurze Zeit wohl das Lehrgerüst, aber nicht die Bahn tragen konnte. Während in der Tennetschlucht das Lehrgerüst auf 2, bei Langenbrand das Lehrgerüst auf 5 Stützpunkten ruhte, konnte hier ein auf der ganzen Länge auf dem Untergrund lagerndes Lehrgerüst verwendet werden, welches an und für sich einfach und nur wegen seiner durch das Gelände bedingten Ausbildung erwähnenswert ist.

Das Gewölbe, das in seiner inneren Leibung nach einem Kreisbogen von 10,60 m Halbmesser gekrümmt ist und 18 m Lichtweite mit 5 m Pfeil bei einer Stärke im Scheitel von 1,00 und im Kämpfer von 1,50 m hat, besteht aus hammerrecht bearbeiteten Schichtsteinen aus Granit und Zementmörtel 1 : 3. Auf der Südseite verkürzt es sich erheblich, da hier guter Fels schräg gegen das Bauwerk ansteigt. Wegen der starken Krümmung der Bahn hat der Scheitel eine Breite von 5,70 m und jede Seite einen Anzug 20 : 1. Die Baustelle lag so unzugänglich und abgeschlossen, daß zunächst ein Fußpfad in dem Fels herausgeschossen werden mußte. Mit dem Bau der Brücke wurde zugewartet, bis die beiden sie begrenzenden Tunnels das Vorstrecken des Baugleises ermöglichten und bis sämtliche anderen Arbeiten in der Schlucht, die Verlegung der Landstraße, Unterfangung einer großen Trockenmauer usf., beendet waren. Da am gegenüberliegenden flachen Ufer große Sandbänke lagen und 100 m oberhalb aus dem Felsen der Flußsohle und einer Felswand gute Bruchsteine und Quader gestoßen werden konnten, so schlug man einen bei kleineren Anschwellungen gerade noch benutzbaren Holzsteg über die Murg und legte in dem Geröllhange eine steile Rampe für ein Baugleis an, auf dem die mit Stein oder Sand beladenen Wagen durch ein Drahtseil von einer auf dem durchgehenden Baugleis fahrenden Lokomotive hochgezogen wurden. Was sonst noch zur Mauerung nötig wurde, lieferte das Baugleis oder konnte auf der Landstraße angefahren und in einer Rutsche auf das Bahnplanum heruntergebracht werden. Nachdem an beiden Kämpfern der Fels freigelegt worden war, konnte man die Ausbildung der Lager festlegen und ihre Flächen aussprengen. Einige Schwierigkeit bereitete das Auflagern der Bodenschwellen der hinteren 2 Lehrgerüstbinder, da sie zum Teil auf das frisch geschaffene Planum des Schuttkegels und zum Teil in die schräg ansteigende Felswand gelegt werden mußten. Mit schwachen Schüssen brach man für sie 2 Stufen aus und stellte mit Mauerwerk die richtige Höhe her.

Abb. 52. Das Lehrgerüst der Rappenschluchtbrücke.
Oben die Landstraße und deren neue Trockenmauerunterfangung.

Das breite Gewölbe wurde von 6 Kranzholzbögen unterstützt, von welchen jedoch nur die 4 mittleren auf richtigen Bindern und die 2 äußeren auf auskragenden Pfetten lagen. Die Pfetten waren bei den Bindern, welche 1,40 m voneinander abstanden, zwischen Kranzholz und der radial gerichteten Strebe eingezogen, kragten beiderseits bis zur Gewölbstirne aus und wurden durch Druckstreben unterstützt. Die Binderstreben waren in einem verdübelten Längsbalken eingezapft, der den beweglichen Oberteil abschloß. Zwischen ihm und der Grundschwelle wurden Ausrüstungskeile angeordnet, da Schraubenspindeln nur auf kurze Zeit zum Einstellen des Gerüstes verfügbar waren. Der Gerüstscheitel wurde 6 cm überhöht.

Beim Wölben wurden wieder die 4 Kämpferschichten versetzt, die Scheitellast aufgebracht und die Schichte s (Abb. 53) ohne Mörtel in den Lagerfugen gelassen. Durch diese Maßregel wurden die Risse in der Bruchfuge wieder vermieden. Die 140 cbm Wölbsteine wurden von einem hölzernen Aufzuge in Brückenmitte mit fahrbarer Winde in 12 Tagen versetzt. Dazu wurden 130 Tagschichten Maurer, 34,7 cbm Zementmörtel 1 : 3 oder 16 150 kg Zement gebraucht, also für 1 cbm Gewölbe 0,93 Maurerschicht, 0,245 cbm Mörtel, 115 kg Zement.

Die Arbeit wurde dadurch erschwert, daß das Baugleis über dem Gewölbe im Betrieb bleiben und seine Absprießung wiederholt ausgewechselt werden mußte. Unter dem Geröll in der Runse rieselte immer so viel Wasser, als zum Mauern gebraucht wurde.

Das außergewöhnlich leichte Lehrgerüst hat sich gut bewährt. Die Binderscheitel hatten während der Wölbung folgende Senkungen:

Binder	1	2	3
Senkung	21	12	13 mm.

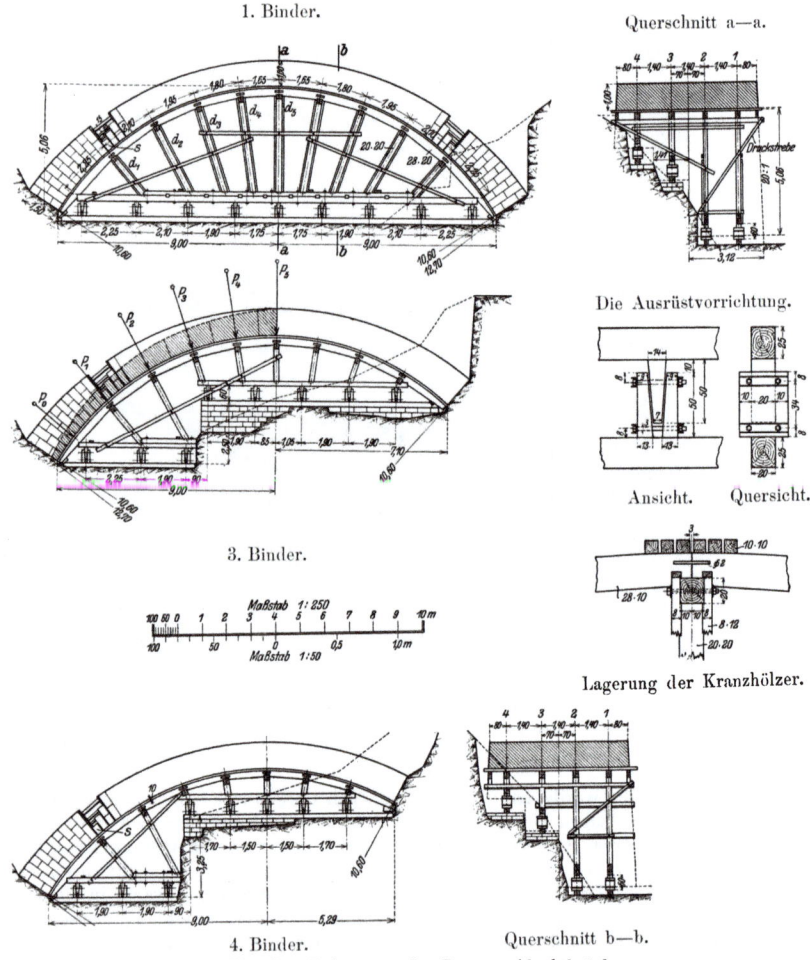

Abb. 53. Das Lehrgerüst der Rappenschluchtbrücke.

Vorspringende Felsen verhinderten die Messung am 4. Binder. Die Ausrüstung erfolgte 4 Wochen nach Wölbschluß mit den Keilen ohne Anstände und ergab auf der Flußseite bei 18 m Spannweite nur 2 mm und auf der Bergseite bei 14 m Spannweite gar keine Scheitelsenkung.

Der Gewölbrücken wurde wieder mit Asphaltfilzplatten gedichtet und über jedem Kämpfer durch einen Querschlitz mit Wasserspeier nach der Murg entwässert. Entsprechend der Felsgegend wurden die Stirnmauern im rauhen Vieleckverband gemauert und erhielten keine Abdeckung.

Für das Bauwerk mit 425 cbm meist im Fels zu leistenden Baugrubenaushub und 311 cbm Mauerwerk wurden 17 000 M. bezahlt, so daß 1 cbm Mauerwerk mit Aushub und allen Nebenleistungen sich auf 55 M. stellte, also 3 mal dem gewöhnlichen Mauerwerkspreis.

II. Das Lehrgerüst.

Spezifisches Gewicht des Mauerwerks	2,4
Zulässige Druckspannung des Holzes	80 kg/cm²
„ Schubspannung „ „	20 „
Geringste Knicksicherheit	5
Binderentfernung	1,40 m
Schalholz	10 · 10 cm

Die im Scheitel zulässige Entfernung x zweier Schalhölzer wird für einfache Auflast zu 24 cm. Gegen den Kämpfer darf x wachsen, da die Last abnimmt.

Kranzholz 28 · 20 cm.

Im folgenden wird die Auflast mit Rücksicht auf die Stoßwirkung um die Hälfte erhöht. In Bogenmitte ist:

$$p = \frac{0{,}24}{100} \cdot 150 \cdot 140 \cdot 1 = 50{,}4 \text{ kg}, \quad M = 50{,}4 \cdot \frac{165^2}{8} = 171\,000 \text{ kg·cm}, \quad W = 2613 \text{ cm}^3,$$

$\sigma = \mp 65{,}5 \text{ kg/cm}^2$. Der Auflagerdruck von $p \cdot \frac{l}{2} = 4830$ kg beansprucht das Auflager an der Pfette mit $\frac{4830}{20 \cdot 10} = 24$ kg/cm²; die Schubspannung ebenda ist $\frac{4830}{20 \cdot 20} = 12$ kg/cm².

Am Kämpfer ist:

$$p = 29{,}3 \text{ kg}, \quad M = 29{,}3 \cdot \frac{210^2}{8} = 162\,000 \text{ kg·cm}, \quad W = 2613 \text{ cm}^3, \quad \sigma = \mp 61{,}5 \text{ kg/cm}^2.$$

Strebe 20 · 20 cm.

Von allen gleichstarken Streben hat d_5 die größte Auflast und Knicklänge:

$$P_5 = 1{,}5 \cdot 5744 = 8620 \text{ kg}, \quad F = 400 \text{ cm}^2, \quad \sigma = -21{,}6 \text{ kg/cm}^2, \quad n = \frac{k_0}{\sigma} = \frac{175}{21{,}6} = 8.$$

Pfette 20 · 20 cm.

Am stärksten ist die Pfette am Scheitel beansprucht. Wenn die Druckstrebe nicht trägt, so ist die größte Biegungsspannung in der Pfette bei einfacher Auflast:

$$P = 2{,}4 \cdot 0{,}39 \cdot 1{,}60 \cdot 1 \cdot 1000 = 1490 \text{ kg}, \quad M = 1490 \cdot 70 = 104\,300 \text{ kg·cm}, \quad W = 1333 \text{ cm}^3,$$
$$\sigma = \mp 78 \text{ kg/cm}^2.$$

Bei anderthalbfacher Auflast und 80 kg/cm² Biegungsspannung darf von der Last $1{,}5 \cdot P = 2230$ kg nur der Teil P′ von der Pfette aufgenommen werden, während der Rest durch die Druckstrebe abzuleiten ist. $W \cdot 80 = 1333 \cdot 80 = P′ \cdot 70$, $P′ = 1070$ kg, $P - P′ = 1160$ kg. Der Strebendruck ist dann $S = 1500$ kg, der Strebenquerschnitt $F = 2 \cdot 8 \cdot 12 = 192$ cm², $\sigma = -\frac{1500}{192} = -8$ kg/cm².

Die Beanspruchung des Pfettenbolzens mit Φ 3 cm ist: $\sigma = \dfrac{1500}{2\pi \dfrac{d^2}{4}} = 1070$ kg/cm².

Er ist durch die unmittelbare Druckübertragung der Hölzer entlastet.

Längsschwelle 20 · 20, 25 · 20 cm

Die Summe der wagrechten Teilkräfte der Streben tritt in der Mitte der unteren wagrechten Längsschwelle, die aus den verdübelten Balken 20 · 20 und 25 · 20 besteht, als

Druckkraft auf. Sie ist im einfachen Betrag 8300 kg, $\sigma = -\dfrac{1{,}5 \cdot 8300}{45 \cdot 20} = -14\,\text{kg/cm}^2$. Auch wenn nur das obere Holz 20 · 20 den Druck aufnehmen müßte, so wäre es nicht zu stark beansprucht mit: $\sigma = -\dfrac{1{,}5 \cdot 8300}{20\cdot 20} = -31\,\text{kg/cm}^2$.

Die Standsicherheit gegen Wind. So weit es irgend möglich war, wurden Doppelzangen 8 · 12 cm eingezogen und dadurch ein guter Querverband und genügend Sicherheit gegen Wind erreicht.

III. Der Zeug- und Arbeitsaufwand für das Lehrgerüst.

Zeugaufwand.

Schalholz	3,81 cbm
Kantholz	18,18 ,,
Hartholz	0,04 ,,
Gesamtholz	22,03 cbm
Eisen	450 kg

Arbeitsaufwand. Die Anfertigung, Aufstellung und Beseitigung des Gerüstes erforderte folgende Arbeitsleistungen: Abbinden 40, Aufrüsten 12, Abrüsten 8 Tagschichten, zusammen 60 Tagschichten.

Einheitsaufwand. Für 1 cbm Holz des ausgeführten Gerüstes war nötig an Eisen 20,5 kg, Arbeit 2,72 Tagschichten. Für 1 cbm ausgeführtes Gewölbmauerwerk — 139,98 cbm Gesamtmenge — war nötig 0,158 cbm Holz, 3,23 kg Eisen, 0,428 Tagschichten Arbeit. Siehe Liste 39.

Wenn der südliche Kämpfer des Gewölbes ganz und nicht verkürzt ausgebildet worden wäre, so hätte sich ergeben ein Gewölbmauerwerk von 156,94 cbm und ein Zeugaufwand von 28,14 cbm Holz, und 500 kg Eisen. Dem entspräche der Aufwand für die Einheiten, welcher in Liste 39 enthalten ist.

5. Schluß.

Die bei den einzelnen Brücken angegebenen Aufwendungen und Beobachtungen mögen zum Schlusse übersichtlich zusammengestellt und mit anderen Angaben verglichen werden. Die Arbeit ist in Tagschichten, Holz in Kubikmeter und Eisen in Kilogramm angegeben. Eine Tagschicht enthält 11 Stunden, wovon 9 reine Arbeitsstunden sind.

Aus dem Buche von Dr. Schönhöfer über Haupt-, Neben- und Hilfsgerüste konnte für 6 Gewölbe der Aufwand zusammengestellt und das Mittel, welches in der 8. Zeile steht, gebildet werden.

Nach den Listen ist die 2. Einheit der überwölbten Grundfläche untauglich zum Vergleich, da sie den besonderen Verhältnissen eines Gewölbes nicht gerecht wird. Den besten Maßstab gibt wohl die 4. Einheit, bezogen auf das Produkt aus Grundfläche mal Spannweite. Nach Ausweis der Mittelwerte waren sämtliche Lehrgerüste bei den drei Murgtalbrücken, vielleicht mit Ausnahme jener für die Nebenbögen in Langenbrand, sparsam im Holzverbrauch. Die Rappenschluchtbrücke schneidet am besten ab, an sie reiht sich die Tennetschluchtbrücke und der erste Entwurf für das Hauptgerüst in Langenbrand an.

Schluß. 99

Liste 39.
Zusammenstellung der Lehrgerüstaufwendungen.

Nr.	Die Lehrgerüste enthalten:		Gesamt-menge	1 auf 1 m³ Raum	2 auf 1 m² Grundfl.	3 auf 1 m² Gewölbe	4 auf 1 m² Grundfl. χ Spannw.	5 auf 1 m⁴ Grundfl. χ Spannw. χ Höhe	6 auf 1 m³ Holz
1	Hauptbogen bei Langenbr. 1. Entw. f = 14,75, l = 59 m	Holz Eisen	238,52 5280	0,0822 1,811	0,746 16,449	0,315 6,948	0,0126 0,279	0,00 086 0,01 88	1 22.04
2	Hauptbogen bei Langenbr. 2. Ausführungsentw. f = 14,75, l = 59 m	Holz Eisen Arbeit	284,19 5090 1040	0,0978 1,748 0,355	0,888 15,920 3,230	0,375 6,720 1,362	0,0150 0,269 0,0547	0,00 102 0,01 83 0,00 38	1 41,40 3,77
3	Nebenbogen bei Langenbr. f = 6, l = 12 m	Holz Eisen Arbeit	19,41 805 70	0,0793 3,240 0,273	0,234 9,710 0,788	0,390 16,150 1,394	0,0195 0,808 0,0698	0,00 325 0,13 50 0,01 16	1 41,40 3,58
4	Tennetschluchtbrücke f = 8, l = 16 m	Holz Eisen Arbeit	24,85 1044 70	0,0562 2,360 0,159	0,353 11,850 0,995	0,294 12,330 0,829	0,0220 1,285 0,0620	0,00 276 0,11 60 0,00 78	1 40,20 2,82
5	Rappenschluchtbrücke f = 5, l₁ = 18 m l₂ = 14 m	Holz Eisen Arbeit	22,03 450 60	— — —	— — —	0,158 3,230 0,428	— — —	— — —	1 20,50 2,72
6	Rappenschluchtbrücke symm. Bogen, f = 5, l = 18 m	Holz Eisen	28,14 500	0,0740 1,320	0,262 4,650	0,179 3,190	0,0154 0,273	0,00 308 0,05 46	1 17,80
7	Mittelwerte von 1—6	Holz Eisen Arbeit		0,0779 2,096 0,262	0,497 11,716 1,640	0,285 8,095 1,003	0,0169 0,583 0,0602	0,00 219 0,06 85 0,00 77	1 33,11 3,30
8	Mittelwerte aus „Hilfsgerüste"	Holz Eisen		— —	0,35 15,99	0,50 32,13	0,0061 0,213	0,00 059 0,00 83	1 51
9	desgl. a. Handbch d. Ing. Wiss.	Holz		—	—	0,33	0,020		—

Nun möge noch der Aufwand für die Versetzgerüste über dem Hauptbogen in Langenbrand und bei der Tennetschluchtbrücke, welche hier zum Versetzen des gesamten Mauerwerks und dort zum Versetzen von Hauptbogen und Übermauerung dienten, verglichen werden.

Als Einheit dient der Kubikmeter des versetzten Mauerwerks, der Quadratmeter der umschlossenen Ansichtsfläche des Gerüstes und der Kubikmeter des umrüsteten Raumes. Die Gesamtmengen waren beim Talübergang bei Langenbrand 1100 cbm, 536 qm und 2893 cbm; bei der Tennetschluchtbrücke 5150 cbm, 2540 qm und 7630 cbm.

Liste 40.
Zusammenstellung der Versetzgerüstaufwendungen.

Versetzgerüste		1 1 qm Sicht-fläche	2 1 cbm Rüstraum	3 1 cbm Mauerwk.	4 1 cbm Holz	5 Menge
a) Hauptbogen bei Langenbrand	Holz Eisen Arbeit	0,127 0,659 0,464	0,024 0,122 0,086	0,0619 0,323 0,227	1 5,20 3,66	68 cbm 353 kg 249 T.-Sch.
b) Tennetschluchtbrücke	Holz Eisen Arbeit	0,108 0,500 0,600	0,036 0,167 0,200	0,0534 0,247 0,237	1 4,63 5,56	275 cbm 1270 kg 1530 T. Sch.
Mittel aus a und b	Holz Eisen Arbeit	0,118 0,580 0,532	0,030 0,145 0,143	0,0577 0,285 0,232	1 4,92 4,61	— — —

7*

Schluß.

Zum Schlusse werden noch die bei dem Wölben der 16 Bögen an den 3 Bauwerken angestellten Beobachtungen nebeneinander gestellt, um auch hier einen bequemen Vergleich zu ermöglichen, und die Zahlen für allgemeinen Gebrauch nutzbar zu machen.

Liste 41.
Zusammenstellung von Überhöhung und Senkung der Lehrgerüste.

			Hauptbogen bei Langenbr.	Nebenbogen bei Langenbr.	Mittel aus 9 Bögen Tennetschl.	Bogen der Rappenschlucht
		$l=$	59	12	16	18
Lehrgerüst	Überhöhung h		150	60	60	60 mm
	$\dfrac{h}{l}$		0,0025	0,0050	0,0038	0,0033
	Senkung d		52	20	25	15 mm
	$\dfrac{d}{l}$		0,00 088	0,00 167	0,00 156	0,00 084

Liste 42.

Aufwand für 1 cbm Gewölbe an	Maurer Tagschichten		0,93	0,93
	Mörtel cbm		0,265	0,245
	Zement kg		121	115

6. Anhang zur allgemeinen Untersuchung des eingespannten Bogens.

Die Grundlagen für den ebenen Bogen ohne Gelenke.

Die Gleichung 3 Seite 2 für die Normalspannung σ leitet man auf folgende Art ab. Nach Seite 2, Abb. 2 entspricht der Achslänge ds des Stabteiles eine Länge ds_v im Abstande v von der neutralen Achse.

$$ds_v = ds - v\,d\varphi$$

$$\Delta ds_v = \Delta ds - v\,\Delta d\varphi; \quad \frac{\Delta ds}{ds} = \varepsilon_0$$

$$\varepsilon = \frac{\Delta ds_v}{ds_v} = (\Delta ds - v\,\Delta d\varphi) : (ds - v\,d\varphi) = \varepsilon_0 - \frac{v}{r+v}\left(\varepsilon_0 + r\cdot\frac{\Delta d\varphi}{ds}\right), \quad \sigma = E\cdot\varepsilon.$$

Die inneren Spannungen halten den äußeren Lasten Gleichgewicht:

$$M = -\int v\cdot\sigma\cdot dF, \quad N = -\int \sigma\,dF, \quad Q = \int \tau\,dF,$$

Daraus folgert:

$$M = E\left[\varepsilon_0 + r\frac{\Delta d\varphi}{ds}\right]\frac{Y}{r},$$

$$N = -E\left[\varepsilon_0\cdot F + \left(\varepsilon_0 + r\frac{\Delta d\varphi}{ds}\right)\frac{Y}{r^2}\right].$$

$Y = \int v^2\,dF\cdot\frac{r}{r+v}$ ist angenähert das Trägheitsmoment $J = \int v^2\,dF$.

Aus M, N berechnet sich $\Delta d\varphi$ und ε_0 und dadurch ist auch $\sigma = E\cdot\varepsilon$ bekannt.

$$\Delta d\varphi = \frac{1}{E}\left[N\frac{ds}{Fr} + M\frac{ds}{Y} + M\frac{ds}{Fr^2}\right], \quad \varepsilon_0 = -\frac{1}{E}\left[\frac{N}{F} + \frac{M}{Fr}\right],$$

$$\sigma = -\frac{N}{F} - \frac{M}{Fr} - \frac{M}{Y}\cdot v\cdot\frac{r}{r+v}. \qquad \text{Gl. 3. Seite 2}$$

Die Schubspannung ist bekanntlich in der Faser v mit der Breite b. $\tau = Q\dfrac{\int_v^e v\,dF}{b\cdot J}$ und im Rechteck: $\tau = Q\cdot\dfrac{e^2 - v^2}{2\,J}$.

Um die Änderung in der gegenseitigen Lage der beiden Kämpfer durch die äußeren Lasten zu finden, betrachtet man die Veränderung in der gegenseitigen Lage der beiden Querschnitte A, B eines Bogenteils ds, wenn am rechten Querschnitte B die Kräftesummen M, N, Q angreifen und der linke Schnitt vorerst unbeweglich ist. Im Ruhezustande ist die Lage von Querschnitt B zu A durch dx, dy, dφ gegeben.

dφ ändert sich nur durch M, nicht durch N oder Q.

dx, dy ändern sich durch M, N, Q um $\Delta dx'$, $\Delta dx''$, $\Delta dx'''$ bzw. $\Delta dy'$, $\Delta dy''$, $\Delta dy'''$.

Anhang zur allgemeinen Untersuchung des eingespannten Bogens.

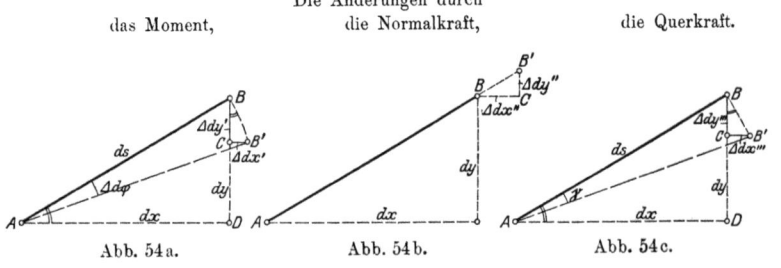

| das Moment, | Die Änderungen durch die Normalkraft, | die Querkraft. |

Abb. 54a.   Abb. 54b.   Abb. 54c.

$\Delta dx' = CB' = BB' \cdot \dfrac{DB}{AB} = -dy \cdot \Delta\varphi$, $BB' = -AB\,\Delta\varphi$, Abb. 54a.

$\Delta dy' = -CB = -BB' \cdot \dfrac{AD}{AB} = +dx\,\Delta\varphi$, Abb. 54a.

$\Delta dx'' = BC = \varepsilon_0\,dx$, Abb. 54b.

$\Delta dy'' = CB' = \varepsilon_0\,dy$, Abb. 54b.

$\Delta dx''' = CB' = BB' \cdot \dfrac{BD}{AB} = +\gamma \cdot dy$, $BB' = AB \cdot \gamma$, Abb. 54c.

$\Delta dy''' = -CB = -BB' \cdot \dfrac{AD}{AB} = -\gamma\,dx$, Abb. 54c.

Die gesamte Koordinatenänderung durch M, N, Q ist:

$$\Delta dx = \Delta dx' + \Delta dx'' + \Delta dx''' = \varepsilon_0\,dx + (\gamma - \Delta\varphi)\,dy,$$
$$\Delta dy = \Delta dy' + \Delta dy'' + \Delta dy''' = \varepsilon_0\,dy - (\gamma - \Delta\varphi)\,dx.$$

Wenn nun der Reihe nach alle Querschnitte des Bogens unter der Einwirkung der entsprechenden M, N, Q sich verschieben und verdrehen, wobei auch der linke Kämpfer sich um $\Delta\varphi_1$ dreht, ergibt sich folgende Änderung in der Lage der beiden Kämpfer:

$$\Delta(\varphi_2 - \varphi_1) = \int \Delta d\varphi$$
$$\Delta(x_2 - x_1) = \int \varepsilon_0\,dx + \int (\gamma - \Delta d\varphi)\,dy - (y_2 - y_1)\,\Delta\varphi_1$$
$$\Delta(y_2 - y_1) = \int \varepsilon_0\,dy - \int (\gamma - \Delta d\varphi)\,dx + (x_2 - x_1)\,\Delta\varphi_1.$$

Man setzt nun die vorigen Werte von ε_0 und $\Delta d\varphi$ hierein und findet so die drei Gleichungen der Gruppe 4, Seite 3.

Nennt man $\varphi_2 - \varphi_1 = \alpha$, $x_2 - x_1 = l$ und $y_2 - y_1 = d$ und setzt den Wert von $\Delta\alpha$ in die beiden anderen Gleichungen der Gruppe 4, so ergeben sich folgende Gleichungen für die gesuchten Lagerkräfte M_0, H_0, G.

$$E\Delta\alpha = M_0 \int \left(\dfrac{ds}{Y} + \dfrac{ds}{Fr^2}\right) - H_0 \int \left(y\,\dfrac{ds}{Y} - c\,\dfrac{ds}{Fr^2}\right) + \int \mathfrak{M}\left(\dfrac{ds}{Y} + \dfrac{ds}{Fr^2}\right) + \int \mathfrak{N}\,\dfrac{ds}{Fr},$$

$$E[\Delta l - k\Delta\alpha] = -H_0 \int \left(y^2\,\dfrac{ds}{Y} + c^2\,\dfrac{ds}{Fr^2} + \sin^2\varphi\,\dfrac{ds}{\alpha F}\right)$$
$$+ G \int \left(x\,y\,\dfrac{ds}{Y} + \sin\varphi\cos\varphi\,\dfrac{ds}{\alpha F}\right) + \int \mathfrak{M}\left(y\,\dfrac{ds}{Y} - c\,\dfrac{ds}{Fr^2}\right)$$
$$- \int \mathfrak{N}\,c\,\dfrac{ds}{Fr} + \int \mathfrak{Q}\sin\varphi\,\dfrac{ds}{\alpha F},$$

Anhang zur allgemeinen Untersuchung des eingespannten Bogens.

$$E[-\Delta d + x_2 \Delta(\varphi_1 + \varphi_2)] = M_0 \int x \frac{ds}{Y} - H_0 \int \left(x y \frac{ds}{Y} + \sin\varphi \cos\varphi \frac{ds}{\alpha F}\right)$$
$$+ G \int \left(x^2 \frac{ds}{Y} + \cos^2\varphi \frac{ds}{\alpha F}\right) + \int \mathfrak{M} x \frac{ds}{Y} + \int \mathfrak{Q} \cos\varphi \frac{ds}{\alpha F}.$$

Dabei ist c ein Mittelwert: $\dfrac{c}{r} = \dfrac{y}{r} + \cos\varphi$, siehe Abb. 3, Seite 4.

Wählt man nun das bisher beliebige Achsenkreuz X Y so, daß folgende Koeffizienten der 3 Gleichungen verschwinden, so ergeben sich sofort die Gleichungen der Gruppe 6, Seite 4 für die gesuchten Lagerkräfte.

$$\int_1^2 \left(y \frac{ds}{Y} - c \frac{ds}{Fr^2}\right) = 0,$$
$$\int_1^2 \left(x y \frac{ds}{Y} + \sin\varphi \cos\varphi \frac{ds}{\alpha F}\right) = 0,$$
$$\int_1^2 x \frac{ds}{Y} = 0.$$

Bei symmetrischen Trägern ist die 2. und 3. Bedingung erfüllt, wenn man die Symmetrieachse zur Y-Achse nimmt. Aus der 1. Gleichung berechnet sich die Lage des Achsursprunges nach Seite 4 und die Lage der wagerechten X-Achse. Bei unsymmetrischen Bögen ist durch obige Gleichungen Ursprung und Neigung der Achsen gegeben. Man nimmt ein Hilfskreuz X', Y' an, drückt allgemein x, y durch x', y' und die 3 Bestimmungsgrößen des gesuchten Achsenkreuzes aus und findet die Größen durch die 3 Gleichungen.

Die Grundlagen für den räumlichen Bogen ohne Gelenke.

Um die unbekannten Lagerkräfte zu finden, berechnet man die von den äußeren Lasten verursachten Änderungen in der gegenseitigen Lage der beiden Kämpfer und erhält die sechs statisch unbekannten Größen, indem man diese Änderungen an sechs Bedingungen bindet. Nach dem Vorbild des ebenen Problems betrachtet man zunächst die Formänderung eines ds langen Bogenteiles, an dessen rechtem Querschnitte im Schwerpunkte B die drei Momente M_1, M_2, M_3 und die Kräfte K_1, K_2, K_3 angreifen, Abb. 11, Seite 15. Die gegenseitige Lage der beiden Querschnitte ist durch dx, dy, dz, $d\varphi$, $d\chi$, $d\psi$ bekannt. Es ist üblich und zweckmäßig, ein Moment oder eine Winkeländerung durch eine auf der Drehebene senkrecht stehende Strecke darzustellen. In diesem Sinne kann man sagen, daß die den Achsen 1, 2, 3 parallelen Momente zunächst den Achsen parallele Winkeländerungen und sodann im Verein mit den Kräften K auch Verschiebungen in den Achsrichtungen erzeugen. Nach Seite 16 und Abb. 11 ist die Achse 1 die Tangente an den Bogen im Punkte B und die Achse 2 die Normale, mit ds in der senkrechten Ebene liegend, während die Achse 3 zur Ebene 1—2 senkrecht steht. Da dieses Achsenkreuz von der Lage des zufällig gewählten Querschnittes B abhängt, wird sodann ein zweites Achsenkreuz X, Y, Z genommen, dessen Y-Achse mit der beliebig geneigten X-Achse in der alten Ebene 1—2 liegt, während die Z-Achse wieder dazu senkrecht steht. Die Lage des Achsursprunges und die Neigung der X-Achse bleiben zunächst unbestimmt.

Die Formänderungen bezogen auf das Achsenkreuz 1—2—3:

Durch K_1 die Verschiebung $\quad B B' = \varepsilon_1 ds = -\dfrac{K_1}{EF} ds$, Abb. 55,

„ K_2 „ „ $\quad B B'' = \varepsilon_2 ds = -\dfrac{K_2}{\alpha E F} ds$, „ 55,

„ K_3 „ „ $\quad B B''' = \varepsilon_3 ds = -\dfrac{K_3}{\alpha E F} ds$, „ 55.

Anhang zur allgemeinen Untersuchung des eingespannten Bogens.

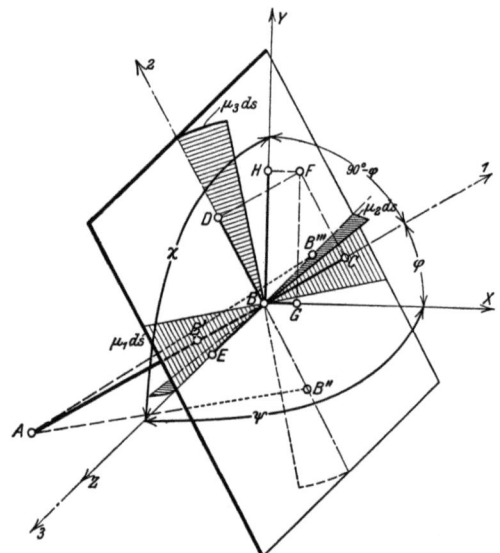

Abb. 55. Die Längen- und Winkeländerungen am Bogenteil AB = ds.

Durch M_1 die Winkeländerung $\mu_1 ds = -\dfrac{M_1 ds}{G J_1}$, Abb. 55,

„ M_2 „ „ $\mu_2 ds = -\dfrac{M_2 ds}{E J_2}$, „ 55,

„ M_3 „ „ $\mu_3 ds = -\dfrac{M_3 ds}{E J_3}$, „ 55.

$\mu_1 ds$ in der Ebene 2—3 liegend, dargestellt durch Strecke B C auf Achse 1,
$\mu_2 ds$ „ „ „ 1—3 „ „ „ „ B D „ „ 2,
$\mu_3 ds$ „ „ „ 1—2 „ „ „ „ B E „ „ 3.

Die Formänderungen bezogen auf das Achsenkreuz X, Y, Z.

Die Drehungen B C und B D geben die resultierende Drehung B F, welche parallel der X- und Y-Achse die Komponenten B G und B H hat. $\sphericalangle 1 B X = \varphi$, $\sphericalangle Z B Y = \chi$, $\sphericalangle Z B X = \psi$. Im unbelasteten Zustande sei $\sphericalangle \chi = \sphericalangle \psi = 90^\circ$, d. h. die Mittellinie des Bogens ist im Grundriß eine Gerade.

$$B G = \mu_1 ds \cos \varphi - \mu_2 ds \sin \varphi = \Delta d\chi, \text{ Abb. 55,}$$
$$B H = \mu_1 ds \sin \varphi + \mu_2 ds \cos \varphi = \Delta d\psi, \text{ „ 55.}$$

$$\Delta d\chi = -M_1 \cos \varphi \frac{ds}{G J_1} + M_2 \sin \varphi \frac{ds}{E J_2},$$

$$\Delta d\psi = -M_1 \sin \varphi \frac{ds}{G J_1} - M_2 \cos \varphi \frac{ds}{E J_2},$$

$$\Delta d\varphi = -M_3 \frac{ds}{E J_3}.$$

Anhang zur allgemeinen Untersuchung des eingespannten Bogens.

Wie sich bei der Zerlegung des räumlichen Achsenkreuzes in die drei ebenen Projektionen leicht einsehen läßt, bewirken die Momente M auch Änderungen der Koordinaten des Punktes B.

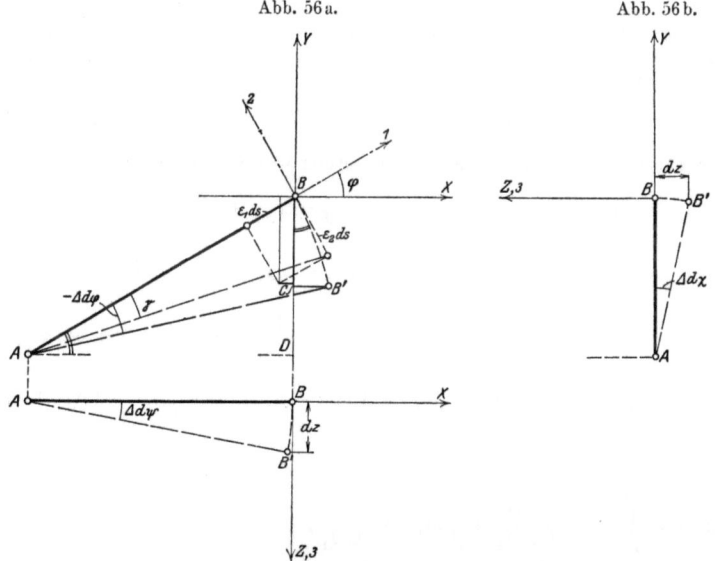

Abb. 56a.   Abb. 56b.

Abb 56c.
Die Projektionen der Längen- und Winkeländerungen des Stabteiles AB = ds auf die drei Achsebenen.

$$\Delta dx = CB' = BB' \cdot \frac{BD}{AB} = dy \cdot \Delta d\varphi, \quad \text{Abb. 56a,}$$

$$\Delta dy = -BC = -BB' \cdot \frac{AD}{AB} = -dx \, \Delta d\varphi, \quad \text{Abb. 56b,}$$

$$\Delta dz = -BB' = -dy \, \Delta d\chi, \quad \text{Abb. 56b,}$$

$$\Delta dz = BB' = dx \, \Delta d\psi, \quad \text{Abb. 56c.}$$

Die Verschiebungen von B durch die Kräfte K geben folgende Änderungen der Koordinaten:

$$\Delta dx = \varepsilon_1 \, ds \cos \varphi - \varepsilon_2 \, ds \sin \varphi, \quad \text{Abb. 56a,}$$
$$\Delta dy = \varepsilon_1 \, ds \sin \varphi + \varepsilon_2 \, ds \cos \varphi \quad \text{,, 56a.}$$

Die Summe der Koordinatenänderungen durch M und K ist:

$$\Delta dx = dy \, \Delta d\varphi + \varepsilon_1 \, ds \cos \varphi - \varepsilon_2 \, ds \sin \varphi,$$
$$\Delta dy = -dx \, \Delta d\varphi + \varepsilon_1 \, ds \sin \varphi + \varepsilon_2 \, ds \cos \varphi,$$
$$\Delta dz = -dy \, \Delta d\chi + dx \, \Delta d\psi.$$

In der Folge haben sämtliche Größen des linken Kämpfers einen und des rechten Kämpfers zwei Beistriche. $\Delta x'$, $\Delta y'$, $\Delta z'$, $\Delta \chi'$, $\Delta \psi'$, $\Delta \varphi'$ und $\Delta x''$, $\Delta y''$, $\Delta z''$, $\Delta \chi''$, $\Delta \psi''$, $\Delta z''$ sind daher die Verschiebungen und Verdrehungen der Kämpfer nach den Achsen X, Y, Z.

Indem nun alle Querschnitte des ganzen Bogens, auch der linke Kämpfer sich der Reihe nach verschieben und verdrehen, ergibt sich die Gesamtänderung der Lage des rechten Kämpfers gegenüber dem linken.

$$\Delta (x'' - x') = \int \varepsilon_1 \, ds \cos \varphi - \int \varepsilon_2 \, ds \sin \varphi + \int (y'' - y) \, \Delta d\varphi - (y'' - y') \, \Delta \varphi'$$

$$\Delta (y'' - y') = \int \varepsilon_1 \, ds \sin \varphi + \int \varepsilon_2 \, ds \cos \varphi - \int (x'' - x) \, \Delta d\varphi + (x'' - x') \, \Delta \varphi',$$

106 Anhang zur allgemeinen Untersuchung des eingespannten Bogens.

$$\Delta (z'' - z') = -\int (y'' - y) \Delta d\chi + \int (x'' - x) \Delta d\psi + (y'' - y') \Delta \chi' - (x'' - x') \Delta \psi'$$
$$\Delta (\chi'' - \chi') = -\int \Delta d\chi, \quad \Delta (\psi'' - \psi') = \int \Delta d\psi, \quad \Delta (\varphi'' - \varphi') = -\int \Delta d\varphi.$$

Nun wird die Beziehung zwischen den Änderungen und den Kraftsummen K und M eingeführt und dadurch die Größe der Lageänderungen durch die äußeren Lasten gefunden. Es wird genannt:

$$x'' - x' = l, \ y'' - y' = d, \ z'' - z' = c, \ \varphi'' - \varphi' = \alpha, \ \chi'' - \chi' = \beta, \ \psi'' - \psi' = \delta.$$

Der Faktor α im Nenner hat die Bedeutung von Seite 3.

$$\Delta l = -\int K_1 \frac{dx}{EF} + \int K_2 \frac{dy}{\alpha EF} - \int (y'' - y) M_3 \frac{ds}{EJ_3} - d\Delta\varphi',$$

$$\Delta d = -\int K_1 \frac{dy}{EF} - \int K_2 \frac{dx}{\alpha EF} + \int (x'' - x) M_3 \frac{ds}{EJ_3} + l\Delta\varphi',$$

$$\Delta c = -\int K_3 \frac{ds}{\alpha EF} - \int (y'' - y) M_2 \sin\varphi \frac{ds}{EJ_2} + \int (y'' - y) M_1 \cos\varphi \frac{ds}{GJ_1} +$$
$$- \int (x'' - x) M_2 \cos\varphi \frac{ds}{EJ_2} - \int (x'' - x) M_1 \sin\varphi \frac{ds}{GJ_1} - l \Delta\psi' + d\Delta\chi',$$

$$\Delta\alpha = \int M_3 \frac{ds}{EJ_3},$$

$$\Delta\beta = -\int M_2 \sin\varphi \frac{ds}{EJ_2} + \int M_1 \cos\varphi \frac{ds}{GJ_1},$$

$$\Delta\delta = \int M_2 \cos\varphi \frac{ds}{EJ_2} + \int M_1 \sin\varphi \frac{ds}{GJ_1}.$$

Indem man die letzten 3 Gleichungen in die ersten einführt, erhält man:

$$\Delta l + y'' \Delta\varphi'' - y' \Delta\varphi' = -\int K_1 \frac{dx}{EF} + \int K_2 \frac{dy}{\alpha EF} + \int M_3 \frac{y\,ds}{EJ_3},$$

$$-\Delta d + x'' \Delta\varphi'' - x' \Delta\varphi' = \int K_1 \frac{dy}{EF} + \int K_2 \frac{dx}{\alpha EF} + \int M_3 \frac{x\,ds}{EJ_3},$$

$$\Delta c + x'' \Delta\psi'' - x' \Delta\psi' - y'' \Delta\chi'' + y' \Delta\chi' = -\int K_3 \frac{ds}{\alpha EF}$$
$$+ \int M_2 (x \cos\varphi + y \sin\varphi) \frac{ds}{EJ_2} + \int M_1 (x \sin\varphi - y \cos\varphi) \frac{ds}{GJ_1}.$$

Um nun endlich die Lagerkräfte zu finden, drückt man die K und M durch die U_I, U_{II}, U_{III} und W_I, W_{II}, W_{III} genannten Reaktionen am linken Kämpfer aus, welche zu denen des beliebig gewählten Anfangszustandes infolge der Bogenwirkung hinzutreten. Als Anfangszustand wurde auf Seite 16 der frei aufliegende Träger gewählt, dessen Querschnittskräfte nach Abb. 11, Seite 15 $\mathfrak{K}_1$, $\mathfrak{K}_2$, $\mathfrak{K}_3$ und $\mathfrak{M}_1$, $\mathfrak{M}_2$, $\mathfrak{M}_3$ heißen.

$$K_1 = \mathfrak{K}_1 + U_I \cos\varphi + U_{II} \sin\varphi$$
$$K_2 = \mathfrak{K}_2 - U_I \sin\varphi + U_{II} \cos\varphi$$
$$K_3 = \mathfrak{K}_3 + U_{III}$$
$$M_1 = \mathfrak{M}_1 + W_I \cos\varphi + W_{II} \sin\varphi - U_{III} (x \sin\varphi - y \cos\varphi)$$
$$M_2 = \mathfrak{M}_2 - W_I \sin\varphi + W_{II} \cos\varphi - U_{III} (x \cos\varphi + y \sin\varphi)$$
$$M_3 = \mathfrak{M}_3 + W_{III} - U_I \cdot y + U_{II} x.$$

Der Elastizitätsmodul G für Schub ist etwa $\frac{2}{5} E - \frac{3}{8} E$, und der Faktor α ist für die bei den Bögen überwiegende Querschnittsform eines Rechteckes nach Seite 3

$\frac{3}{8} \cdot \frac{5}{6} = \frac{1}{3,2}$. Setzt man nun die obigen Beziehungen zwischen K, M und $\mathfrak{K}$, $\mathfrak{M}$, U, W in die Gleichungen zugleich mit $G = \frac{3}{8} E$ und $\frac{1}{\alpha} = 3,2$ ein, so erhält man die gesuchten Gleichungen für die 6 unbekannten Größen U und W.

$$E\left[\Delta l + y'' \Delta \varphi'' - y' \Delta \varphi'\right] = -\int \mathfrak{K}_1 \frac{dx}{F} + 3,2 \int \mathfrak{K}_2 \frac{dy}{F} + \int \mathfrak{M}_3 y \frac{ds}{J_3}$$

$$+ W_{III} \int y \frac{ds}{J_3} - U_I \left(\int y^2 \frac{ds}{J_3} + \int \cos^2 \varphi \frac{ds}{F} + 3,2 \int \sin^2 \varphi \frac{ds}{F} \right)$$

$$+ U_{II} \left(\int x y \frac{ds}{J_3} - \int \sin \varphi \cos \varphi \frac{ds}{F} + 3,2 \int \sin \varphi \cos \varphi \frac{ds}{F} \right),$$

$$E\left[-\Delta d + x'' \Delta \varphi'' - x' \Delta \varphi'\right] = \int \mathfrak{K}_1 \frac{dy}{F} + 3,2 \int \mathfrak{K}_2 \frac{dx}{F} + \int \mathfrak{M}_3 x \frac{ds}{J_3}$$

$$+ W_{III} \int x \frac{ds}{J_3} - U_I \left(\int x y \frac{ds}{J_3} - \int \sin \varphi \cos \varphi \frac{ds}{F} + 3,2 \int \sin \varphi \cos \varphi \frac{ds}{F} \right)$$

$$+ U_{II} \left(\int x^2 \frac{ds}{J_3} + \int \sin^2 \varphi \frac{ds}{F} + 3,2 \int \cos^2 \varphi \frac{ds}{F} \right),$$

$$E \Delta \alpha = \int \mathfrak{M}_3 \frac{ds}{J_3} + W_{III} \int \frac{ds}{J_3} - U_I \int y \frac{ds}{J_3} + U_{II} \int x \frac{ds}{J_3},$$

$$E\left[c + x'' \Delta \psi'' - x' \Delta \psi' - y'' \Delta \chi'' + y' \Delta \chi'\right] = -3,2 \int \mathfrak{K}_3 \frac{ds}{F}$$

$$+ \int \mathfrak{M}_2 (x \cos \varphi + y \sin \varphi) \frac{ds}{J_2} + \frac{8}{3} \int \mathfrak{M}_1 (x \sin \varphi - y \cos \varphi) \frac{ds}{J_1} +$$

$$- W_I \left(\int \sin \varphi (x \cos \varphi + y \sin \varphi) \frac{ds}{J_2} - \frac{8}{3} \int \cos \varphi (x \sin \varphi - y \cos \varphi) \frac{ds}{J_1} \right)$$

$$+ W_{II} \left(\int \cos \varphi (x \cos \varphi + y \sin \varphi) \frac{ds}{J_2} + \frac{8}{3} \int \sin \varphi (x \sin \varphi - y \cos \varphi) \frac{ds}{J_1} \right) +$$

$$- U_{III} \left(\int (x \cos \varphi + y \sin \varphi)^2 \frac{ds}{J_2} + \frac{8}{3} \int (x \sin \varphi - y \cos \varphi)^2 \frac{ds}{J_1} + 3,2 \int \frac{ds}{F} \right),$$

$$E \Delta \beta = -\int \mathfrak{M}_2 \sin \varphi \frac{ds}{J_2} + \frac{8}{3} \int \mathfrak{M}_1 \cos \varphi \frac{ds}{J_1}$$

$$+ W_I \left(\int \sin^2 \varphi \frac{ds}{J_2} + \frac{8}{3} \int \cos^2 \varphi \frac{ds}{J_1} \right) - W_{II} \left(\int \sin \varphi \cos \varphi \frac{ds}{J_2} - \frac{8}{3} \int \sin \varphi \cos \varphi \frac{ds}{J_1} \right)$$

$$+ U_{III} \left(\int \sin \varphi (x \cos \varphi + y \sin \varphi) \frac{ds}{J_2} - \frac{8}{3} \int \cos \varphi (x \sin \varphi - y \cos \varphi) \frac{ds}{J_1} \right),$$

$$E \Delta \delta = \int \mathfrak{M}_2 \cos \varphi \frac{ds}{J_2} + \frac{8}{3} \int \mathfrak{M}_1 \sin \varphi \frac{ds}{J_1} +$$

$$- W_I \left(\int \sin \varphi \cos \varphi \frac{ds}{J_2} - \frac{8}{3} \int \sin \varphi \cos \varphi \frac{ds}{J_1} \right) + W_{II} \left(\int \cos^2 \varphi \frac{ds}{J_2} + \frac{8}{3} \int \sin^2 \varphi \frac{ds}{J_1} \right) +$$

$$- U_{III} \left(\int \cos \varphi (x \cos \varphi + y \sin \varphi) \frac{ds}{J_2} + \frac{8}{3} \int \sin \varphi (x \sin \varphi - y \cos \varphi) \frac{ds}{J_1} \right).$$

Die ersten 3 Gleichungen enthalten nur solche Kräfte, welche in der XY-Ebene liegen, und sind die gleichen, wie sie beim ebenen Bogenträger ohne Gelenke auf Seite 101 abgeleitet wurden. U_I, U_{II}, W_{III} entsprechen den dortigen H_0, G und M_0 und $\mathfrak{K}_1$, $\mathfrak{K}_2$, $\mathfrak{M}_3$ sind identisch mit $\mathfrak{N}$, $\mathfrak{Q}$ und $\mathfrak{M}$. Da der Gang der weiteren Auflösung nach U_I, U_{II}, W_{III} dort entwickelt ist, brauchen hier nur noch die 3 letzten Gleichungen, welche die Kräfte der YZ- und XZ-Ebene enthalten, betrachtet werden. Die weitere Untersuchung vereinfacht sich nun wie beim ebenen Problem wesentlich durch die Wahl eines besonderen Achsenkreuzes, das allerdings von jenem verschieden ist. Von Anfang an war nur festgelegt, daß die Z-Achse zur XY-Ebene senkrecht steht. Man darf daher die Lage des Ursprunges und die Neigung der X-Achse so wählen, daß folgende Koeffizienten von W_I, W_{II}, U_{III} verschwinden:

$$\int \sin\varphi \cos\varphi \,\frac{ds}{J_2} - \frac{8}{3} \int \sin\varphi \cos\varphi \,\frac{ds}{J_1} = 0,$$

$$\int \sin\varphi \,(x\cos\varphi + y\sin\varphi) \,\frac{ds}{J_2} - \frac{8}{3} \int \cos\varphi \,(x\sin\varphi - y\cos\varphi) \,\frac{ds}{J_1} = 0,$$

$$\int \cos\varphi \,(x\cos\varphi + y\sin\varphi) \,\frac{ds}{J_2} + \frac{8}{3} \int \sin\varphi \,(x\sin\varphi - y\cos\varphi) \,\frac{ds}{J_1} = 0.$$

Wenn man bei symmetrischen Bögen die YZ-Ebene in die durch den Bogenscheitel gehende Quersymmetrieebene legt, so ist die 1. und 3. Gleichung ohne weiteres erfüllt. Wie man aus der 2. Gleichung die Lage des Achsursprunges findet, zeigt sich durch Gleichung 23 auf Seite 17. Bei diesem gewählten Achsenkreuz ergeben sich ohne weiteres die Werte für die Lagerkräfte W_I, W_{II}, U_{III} nach Gruppe 21 auf Seite 16, welche durch Kräfte in der YZ- und YZ-Ebene beim räumlichen Bogen ohne Gelenke entstehen. Da dort starre Widerlager angenommen wurden, verschwanden auch dabei die linken Seiten obiger Gleichungen.

Beim unsymmetrischen Bogen nimmt man zunächst ein beliebiges Achsenkreuz an und drückt die gesuchten Koordinaten durch die Hilfskoordinaten aus. Aus obigen 3 Gleichungen findet man dann die beiden Hilfskoordinaten des richtigen, gesuchten Achsursprunges und auch den Winkel der gesuchten X-Achse mit einer der Hilfsachsen

Verlag von Julius Springer in Berlin.

Die Zusatzkräfte und Nebenspannungen eiserner Fachwerkbrücken. Eine systematische Darstellung der verschiedenen Arten, ihrer Größe und ihres Einflusses auf die konstruktive Gestaltung der Brücken. Von **Fr. Engesser,** Baurat und Professor an der Technischen Hochschule zu Karlsruhe.
    I. Die Zusatzkräfte. Mit 58 Textabbildungen.   Preis M. 3,—.
    II. Die Nebenspannungen. Mit 137 Textabbildungen.   Preis M. 7,—.

Theorie und Berechnung der Bogenfachwerkträger ohne Scheitelgelenk. Mit verschiedenen der Praxis entnommenen Zahlenbeispielen. Von **Fr. Engesser,** Baurat und Professor an der Technischen Hochschule zu Karlsruhe. Mit 2 lithographierten Tafeln.   Preis M. 2,—.

Vereinfachte Berechnung eingespannter Gewölbe. Von Dr.-Ing. **Kögler,** Stadtbaumeister und Privatdozent in Dresden. Mit 8 Textfiguren.
   Preis M. 2,—.

Grundlagen zur Berechnung von Steifrahmen mit besonderer Rücksicht auf Eisenbeton. Von Dr.-Ing. **Richard Rossin.** Mit 54 Textfiguren.   Preis M. 3,60.

Die Berechnung von Steifrahmen nebst anderen statisch unbestimmten Systemen. Von Ingenieur **E. Björnstad,** Grünberg. Mit 127 Textfiguren, 19 Tabellen und einer graphischen Anlage.
   Preis M. 9,—; in Leinwand gebunden M. 10,—.

Studien über strebenlose Raumfachwerke und verwandte Gebilde. Von Dr.-Ing. **Henri Marcus.** Mit 48 Textabbildungen.
   Preis M. 5,60.

Studien über mehrfach gestützte Rahmen- und Bogenträger. Von Dr.-Ing. **Henri Marcus.** Mit 52 Textfiguren.   Preis M. 4,—.

Das Kabel im Brückenbau. Von Dr.-Ing. **F. Hohlfeld.** Preis M. 4,—.

Eisenbahn-Balkenbrücken. Ihre Konstruktion und Berechnung nebst sechs zahlenmäßig durchgeführten Beispielen. Von Ingenieur **Joh. Schwengler.** Mit 84 Textfiguren und 8 lithographischen Tafeln. Kartoniert Preis M. 4,—.

Zu beziehen durch jede Buchhandlung.

Verlag von Julius Springer in Berlin.

Die Eisenkonstruktionen. Ein Lehrbuch für bau- und maschinentechnische Fachschulen, zum Selbststudium und zum praktischen Gebrauch. Nebst einem Anhang, enthaltend Zahlentafeln für das Berechnen und Entwerfen eiserner Bauwerke. Von **L. Geusen**, Dipl.-Ing. und Kgl. Oberlehrer in Dortmund. Mit 518 Textfiguren und auf 2 zweifarbigen Tafeln.
In Leinwand gebunden Preis M. 12,—.

Widerstandsmomente, Trägheitsmomente und Gewichte von Blechträgern nebst numerisch geordneter Zusammenstellung der Widerstandsmomente von 59 bis 113 930, zahlreichen Berechnungsbeispielen und Hilfstafeln. Bearbeitet von **B. Böhm**, Kgl. Gewerberat, Bromberg, und **E. John**, Kgl. Regierungs- und Baurat, Essen. Zweite, verbesserte und vermehrte Auflage. In Leinwand gebunden Preis M. 12,—.

Eisen im Hochbau. Ein Taschenbuch mit Zeichnungen, Tabellen und Angaben über die Verwendung von Eisen im Hochbau. Herausgegeben vom **Stahlwerks-Verband A.-G., Düsseldorf.** Vierte Auflage. Mit zahlreichen Figuren und Tabellen. In Leinwand gebunden Preis M. 3,—, bei gleichzeitigem Bezug von 20 Exemplaren M. 2,75, von 50 Exemplaren M. 2,60, von 100 Exempl. M. 2,50 für das Exemplar.

Berechnung von Behältern nach neueren analytischen und graphischen Methoden. Für Studierende und Ingenieure und zum Gebrauch im Konstruktionsbureau. Bearbeitet von Dr.-Ing. **Theodor Pöschl**, Dozent an der k. k. Technischen Hochschule in Graz, und Dr.-Ing. **Karl v. Terzaghi**, Ingenieur in San Franzisco. Mit 34 Textfiguren. Preis M. 3,—.

Grundwasserabsenkung bei Fundierungsarbeiten. Von Dr.-Ing. **Wilh. Kyrieleis.** Mit 81 Textfiguren und Tabellen sowie 3 Tafeln.
Preis M. 6,—.

Die Wasserkräfte, ihr Ausbau und ihre wirtschaftliche Ausnutzung. Ein technisch-wirtschaftliches Lehr- und Handbuch. Von Dr.-Ing. **Adolf Ludin**, Großherzogl. Bauinspektor. In zwei Bänden. Mit 1087 Abbildungen im Text und auf 11 Tafeln. Preisgekrönt von der Kgl. Akademie des Bauwesens in Berlin.
In Leinwand gebunden Preis M. 60,—.

Die Naßbagger und die Baggereihilfsgeräte. Ihre Berechnung und ihr Bau. Von **M. Paulmann**, Regierungsbaumeister in Emden, und **R. Blaum**, Regierungsbaumeister in Emden. Mit 485 Textfiguren und 10 Tafeln.
In Leinwand gebunden Preis M. 22,—.

Die Bestimmung der Querschnitte von Staumauern und Wehren aus dreieckigen Grundformen. Von **E. Link**, Regierungsbaumeister a. D. Mit 33 Abbildungen. Preis M. 2,40.

Zu beziehen durch jede Buchhandlung.

Verlag von Julius Springer in Berlin.

Der Wettbewerb um eine feste Straßenbrücke über den Rhein zwischen Ruhrort und Homberg. Von Karl Bernhard, Regierungsbaumeister und Privatdozent in Berlin. Mit 145 Textabbildungen und 2 Textblättern. Preis M. 2,—.

Die Treskow-Brücke zu Oberschöneweide bei Berlin. Von Karl Bernhard, Reg.-Baumeister und Privatdozent in Berlin. Mit 74 Textabbildungen und 1 Textblatt. Preis M. 2,—.

Die Stubenrauch-Brücke über die Oberspree bei Berlin. Von Karl Bernhard, Reg.-Baumeister und Privatdozent in Berlin. Mit 52 Textabbildungen und 1 Textblatt. Preis M. 2,—.

Der Wettbewerb um den Entwurf einer Straßenbrücke über den Neckar bei Mannheim. Von Karl Bernhard, Regierungsbaumeister und Privatdozent in Berlin. Mit 100 Textabbildungen und 1 Textblatt. Preis M. 2,—:

Der Wettbewerb um den Entwurf einer Straßenbrücke über den Rhein bei Köln. Von Karl Bernhard, Regierungsbaumeister a. D., Beratender Ingenieur und Privatdozent in Berlin. Preis M. 4,—.

Die Kaiser-Wilhelm-Brücke über die Wupper bei Müngsten im Zuge der Eisenbahnlinie Solingen—Remscheid. Mit Genehmigung der Königl. Eisenbahn-Direktion Elberfeld herausgegeben von Vereinigte Maschinenfabrik Augsburg und Maschinenbaugesellschaft Nürnberg, A.-G., Werk Nürnberg. Bearbeitet von W. Dietz, Professor an der Königl. Techn. Hochschule in München. Mit 194 Textfiguren und 48 lithographischen Tafeln. Zwei Bände (Text und Tafeln).
In Leinwand gebunden Preis M. 50,—.

Die neue Brücke über die Mosel bei Novéant. Von H. Schürch, Oberingenieur der Firma Ed. Züblin & Cie., Straßburg i. E. Mit 45 Abbildungen. Preis M. 1,60.

Die Theorie der Pfahlgründungen. Von Ingenieur Richard Kafka. Mit 19 Textfiguren. Preis M. 3,—.

Die Berechnung der Tragfähigkeit gerammter Pfähle. Von Ingenieur Richard Kafka, Wien. (Sonderabdruck aus „Armierter Beton" 1910, Heft 11 u. 12.) Preis M. —,80.

Betonpfahl „System Mast". Ein Gründungsverfahren mit „Betonpfählen in verlorener Form". Von H. Struif, ständig. Assistent an der Kgl. Technischen Hochschule Berlin. Zweite, vermehrte Auflage. Mit 75 Textfiguren.
Preis M. 1,60.

Zu beziehen durch jede Buchhandlung.

Verlag von Julius Springer in Berlin.

Taschenbuch für Bauingenieure. Unter Mitarbeit hervorragender Fachmänner herausgegeben von **Max Foerster**, ord. Professor an der Technischen Hochschule in Dresden. 1927 Seiten mit 2723 Textfiguren.
In Leinwand gebunden Preis M. 20,—.
Ausführlicher Sonderprospekt über dieses Werk steht kostenlos zur Verfügung!

Der Bauingenieur in der Praxis. Eine Einführung in die wirtschaftlichen und praktischen Aufgaben des Bauingenieurs. Von **Th. Janssen**, Regierungsbaumeister a. D., Privatdozent an der Königl. Technischen Hochschule zu Berlin. Preis M. 6,—; in Leinwand gebunden M. 6,80.

Bauakustik. Der Schutz gegen Schall und Erschütterungen. Von Dr. **Franz Weisbach**. Mit 31 Figuren im Text. Preis M. 3,60.

Über das Wesen und die wahre Größe des Verbundes zwischen Eisen und Beton. Von Dr.-Ing. **Adolf Kleinlogel**, Diplomingenieur. Mit 5 Text- und 9 Tafelfiguren. Preis M. 2,40.

Untersuchungen an durchlaufenden Eisenbetonkonstruktionen. Versuchsvorbereitungen und Ausführungen von Professor **H. Scheit**, Geh. Hofrat, Direktor der Kgl. Sächs. Mechan.-Technischen Versuchsanstalt in Dresden. Versuchsplan, Entwurf, Bearbeitung der Ergebnisse und Schlußfolgerungen von Dr.-Ing. **E. Probst**, Privatdozent an der Kgl. Technischen Hochschule in Berlin. Mit 52 Textfiguren. Preis M. 5,—.

Schubwiderstand und Verbund in Eisenbetonbalken auf Grund von Versuch und Erfahrung. Von Dr.-Ing. **R. Saliger**, ord. Professor der k. k. Technischen Hochschule in Wien. Mit 25 Tabellen und 139 Abbildungen.
Preis M. 5,—.

Eisenbetondecken, Eisensteindecken und Kunststeinstufen. Bestimmungen und Rechnungsverfahren nebst Zahlentafeln, zahlreichen Berechnungsbeispielen und Belastungsangaben. Zusammengestellt und berechnet von **Carl Weidmann**, Stadtbauingenieur bei der Baupolizeiverwaltung in Stettin. Mit 40 Textfiguren und einer lithographierten Tafel. Kartoniert Preis M. 2,80.

Armierter Beton. Monatsschrift für Theorie und Praxis des gesamten Betonbaues. In Verbindung mit Fachleuten herausgegeben von Dr.-Ing. **E. Probst**, Privatdozent an der Techn. Hochschule zu Berlin, und **M. Foerster**, ord. Professor an der Techn. Hochschule zu Dresden. Erscheint seit 1908.
Preis des Jahrgangs M. 20,—.

Zu beziehen durch jede Buchhandlung.

MIX
Papier aus verantwortungsvollen Quellen
Paper from responsible sources
FSC® C105338

If you have any concerns about our products,
you can contact us on
ProductSafety@springernature.com

In case Publisher is established outside the EU,
the EU authorized representative is:
**Springer Nature Customer Service Center GmbH
Europaplatz 3, 69115 Heidelberg, Germany**

Printed by Libri Plureos GmbH
in Hamburg, Germany